U0936109

LANDSCAPE 资产

环境文化学研究会
章俊华 著

LANDSCAPE HERITAGE

中国建筑工业出版社

图书在版编目（CIP）数据

LANDSCAPE资产/章俊华著．—北京：中国建筑工业出版社，2011.12

ISBN 978-7-112-13558-5

Ⅰ．①L…　Ⅱ．①章…　Ⅲ．①景观设计：园林设计-研究-中国　Ⅳ．①TU986.2

中国版本图书馆CIP数据核字（2011）第186754号

责任编辑：杜　洁
责任设计：董建平
责任校对：肖　剑　关　健

LANDSCAPE 资产
环境文化学研究会
章俊华　著

*

中国建筑工业出版社出版、发行（北京西郊百万庄）
各地新华书店、建筑书店经销
北京嘉泰利德公司制版
北京中科印刷有限公司印刷

*

开本：880×1230毫米　1/32　印张：10⅛　插页：4　字数：295千字
2012年3月第一版　2012年3月第一次印刷
定价：36.00元
ISBN 978-7-112-13558-5
（21333）

前言

当今的时代，在社会改革、科学技术发展的基础上建立起来的生活环境，并不一定就是人类所期待的家园。人类不断得以提高的生活水平，实际上是在追求物质上的便利性和快适性的满足。然而生活本身的含意到底应该怎样去解释？渴望自然是人类的天性，那种轻松、愉快的昔日生活方式，传统习俗的再现等生活文化在精神上的追求，不正是理想中的生活环境吗！都市文明的活动恰是故乡再现的一种表现。这些传统空间的场所被称为现今的Landscape“资产”。

如果将城市与城市环境作为“社会资源”来考虑，如何将这些资源“资产化”或者称为再资源化的问题也许应当引起业界的审慎。在这里著者并无探讨如何将“资源资产化”的问题，而是希望通过更系统化的验证来明确这些“资源”最基本的部分到底是怎样一个构成，有什么特征，又存在些怎样的相互关系，如何受中国传统思想影响并呈现其特有的空间表现形式，异国文化的融合与再现等的空间变迁。用更简明的话概括为两大方面：即“看不见”的精神、思想领域的抽象空间与“看得见”的物理、客观领域的具象空间。本书以从较大范围的城市空间（平遥古城）、区域空间（上海原租界公园）到传统庭园空间（颐和园、承德避暑山庄）及邻邦具有强烈传统园林思想的日本现代庭园空间作为解析的研究对象。并希望这套系列丛书由《Landscape 思潮》开始再到《Landscape 思考》，揭示人类社会面临的诸多问题；再由《Landscape 感性》与《Landscape 感悟》阐述设计行为与自然规律不可分离的关系；最后再回到“原点”——《Landscape 资产》，分析其中所存在的共通性与普遍性，寻找人类最智慧的思维规律，更好地解读未来社会的发展需求。

1. 平遥古城空间研究

本章分析从中国传统礼制思想对城市空间建造的影响到城市公共建筑外部空间的序列与构成，最后对生活空间“堡”的空间类型与特点作了分析考察。并希望向读者传达这样一种信息，或称之为规律，即：脱离了社会文化背景的任何空间营造都将不具备其强大的生命力，而正是这种无形的“世界观”左右着人类创造有形和无形空间的方方面面。

2. 上海原租界公园空间变迁研究

租界是了解和体验异国文化最典型的场所，而租界公园又是掌握城市公共绿地空间异文化冲突、融合的最佳场所。本章从上海原租界公园的变迁，到以英式、法式为代表的公园空间变迁的比较，并具体到山形水系、公园设施、园路、分区 4 方面随时代而表现出的空间特征变化过程，直观地阐述了变迁中的社会背景与文化之间的关系及在空间上的具象反映。

3. 颐和园庭园空间研究

颐和园是皇家园林最具代表性的庭园之一。并已经建立起一整套相对完善的研究体系和成果。而本章则只侧重空间要素或称之为“素材”的砖雕、彩画、植物三方面，从其所寓意的思想内涵、精神表达，探索与场所空间的表现与特征，进而揭示超越“看得见”的物理空间及“看不见”的小宇宙空间的形象化存在及其关联性。

4. 承德避暑山庄庭园空间研究

与颐和园一样，针对承德避暑山庄的研究也已基本系统化完整化。而本章则从园林建筑与其构成的庭园空间的相互关系及不同园林建筑的类型与不同庭园空间（例如：政治、生活、宗教等）之间存在的构成形态进行了研究。此外，对最具代表性的亭与地形、水空间的构成类型进行了分析考察。阐明了这些要素间的相互不可分割的有机关系。

5. 传承与发展——对于日本传统园林的一些思考

日本人都说他们的文化来自于中国，那么日本传统园林中“极简主义”的发展。传统意义上的“纯”、“禅”、“意”在日本现代设计中又是如何展现的呢？本章以图文并茂的形式十分清晰地阐述了日本传统园林中的理念和手法的现代应用，详尽地记述了从无形到有形的演变过程。

本书仅仅对中国传统庭园空间的表现和特征进行了最基础的粗浅分析。近些年尝试性的作品相继问世，可以说已有一批设计师正在为此作出不懈努力，并逐渐走向成熟。衷心希望在不久的将来也能看到像第5章那样对中国传统园林在现代设计中系统、完整的分析文章或书籍的问世。这也正是著者出版本系列书籍的初衷。

章俊华

2011年初夏于松户

目录

1 平遥古城空间研究/高 杰

2 上海原租界公园空间变迁研究/张 安

3 颐和园庭园空间研究/章俊华（张云路译）

城墙与敌楼

1

平遥古城空间研究

高　杰

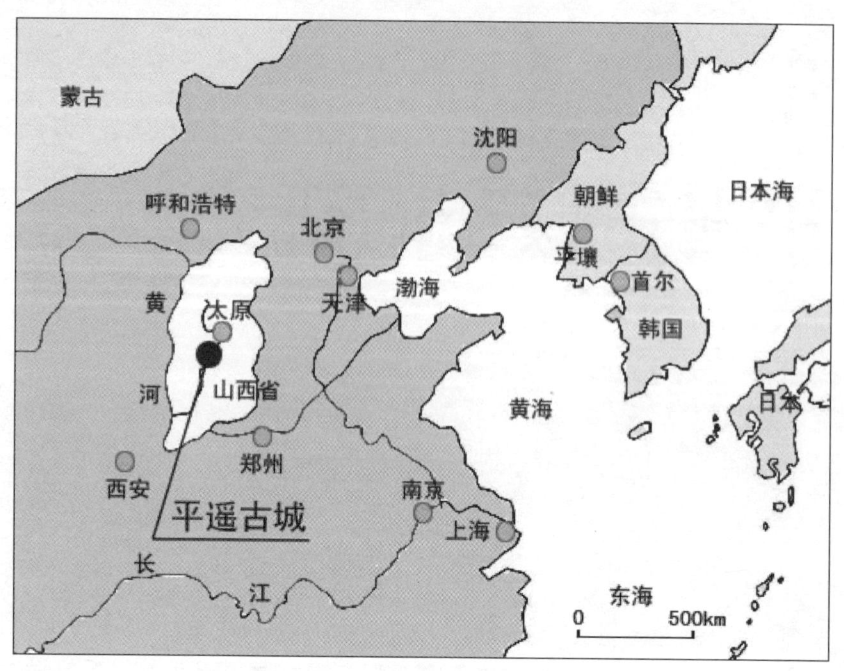

平遥古城区位图

1.1 平遥古城与中国礼制

平遥古城是中国现存十分罕见的基本保留了建设原貌的一座古代城池，被誉为研究中国古代城市规划的“活化石”。古城的规划建设，不仅体现了中国古代县城这一级别城市规划的一般特征，而且深刻反映了中国古代“礼制”的影响。“礼制”文化思想，作为我国社会几千年来，制御社会之利器，不仅制约着士农工商各个阶层人们生活的全部，也深刻地影响了中国古代城市规划的现实塑造。通过对平遥古城在空间构成上所体现的“礼制”文化之“形”与“制”的要求，可使我们理解和追溯历史中礼制在城市规划中折射的光影。

城楼

1.1.1 平遥古城的概况及历史沿革

平遥古城，位于我国山西省中部平遥县境内，太岳山脉以北，太行山、吕梁山之间，太原盆地西南；东南依太岳山，西北临汾河水，与汾河走向大致平行，方位呈北偏西约15°左右。1997年，联合国教科文组织将平遥古城列为世界文化遗产之一。古城的城池呈方形，城墙围合，周长6162.7m，平均高度为10m，城池总面积约2.25km^2。城墙内侧是环城马道街，外建环形护城河。东西两侧设城门各两座，南北各一座。因古城外形酷似龟状，又曰“龟城”。平遥古城是一座按照中国传统城市规划思想和布局程式修建的古代县城，是中国迄今保存最完整的一座明清时期的古代城市。

回望历史，平遥曾是尧帝之封地。尧，又名陶唐氏，因而平遥别称“古陶之地”亦来源于此。平遥古城始建于周宣王时期（公元前827年～前782年），为大将尹吉甫驻军而建。春秋时，是晋国的中都邑；战国时属赵，汉置京陵、中都二县。北魏改平遥，沿用至今。自秦实行县制以来，平遥一直为县制，至今已有2000多年的历史。早期建设以县衙为中心，形成“丁”字状格局，这种建构为当时中国许多城镇所采用。古城规模较小，约0.5km^2，夯土筑城，初期较为简陋矮小。

北关大街
惠济河
N
北门（拱极门）
护城河北段
北城墙
北马道街
五道庙
北大街
关帝庙
真武庙街
火神庙
东马道街
东城墙
护城河西段
西马道街
西城墙
集福寺（今已不存）
关帝庙街
平遥古城元代范围
清虚观
西大街
东大街
上东门
(太和门)
市楼
雷家园街
点将台
站西马道街
沙巷街
西周时期始建位置
南大街
县衙署
城隍庙
平遥古城元代范围
衙门街
照壁南街
城隍庙街
新道街
文庙
下东门
(亲翰门)
尹公庙
武庙
西南门头街
东南门头街
真武楼
南马道街
马墙南
南门（迎薰门）
文昌阁
奎星楼
罗汉庙
平遥古城元代范围
护城河南段
南关大街
0
250m
500m
柳根河

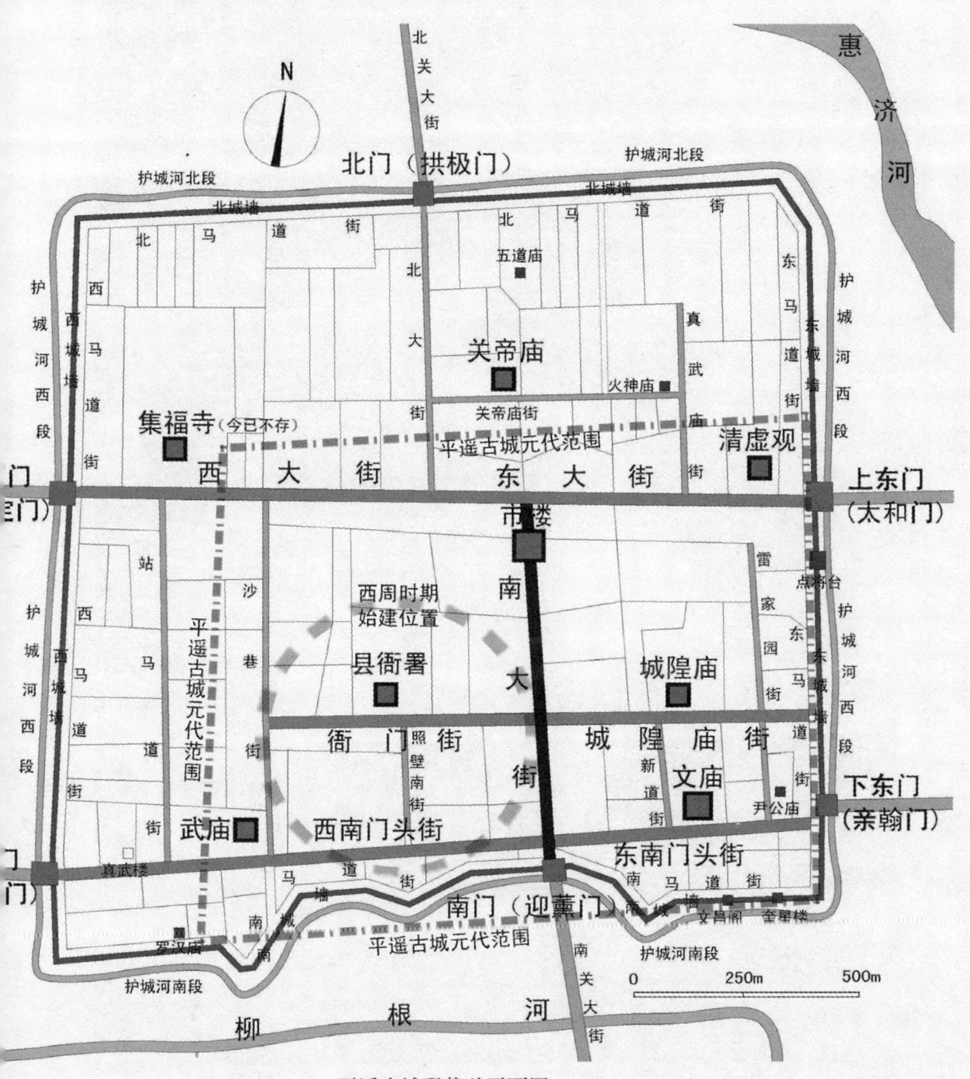

平遥古城现状总平面图

通往城墙的台阶

明洪武三年（公元 1370 年），因军事防御重修城墙。此时，城池初呈对称格局，奠定了现存古城的基本格局。而然，此时古城中，县衙已不居正中，商业中心也东移至南大街，形成了南大街与衙门街、城隍庙街交叉的“十”字状商业街；以南大街为城轴线，对称建有城隍庙、文庙、集福寺。但当时城内尚有一半为空地或农田，建筑密度较小。

清嘉庆、道光年间，平遥成为中国票号业中心。经济的繁荣，使得城市、街道得以不断修葺，兴建庙宇楼阁五十余处。现存之大部分民宅、店铺，大都建于这时。据史载，平遥城墙在明清年间共修葺 26 次。其中，明代进行过十次，工程主要为更新城楼，增设敌台。清康熙四十三年（公元 1704 年）皇帝西巡路经平遥，增筑四面大城楼。清末古城的建设停滞，空间格局基本定型。

平遥古城选址，充分考虑了周边自然环境的和谐与利用。由初建时以军事防御为主，转为后期重视城市的社会功能，城池建设始终依循中国传统城市规划思想和布局程式。城池空间格局严整一体：古城内街道，以南大街为中轴，市楼为中心，辅以四大街八小街七十二条蛐蜒巷，构成了密集的街区网络。四大街由东西横向三条（由南向北分别为东南门头街与西南门头街、城隍庙街与衙门街、东大街与西大街），以及南北纵向的压轴中心街——南大街，组成“王”字形布局。八小街中七条呈南北纵向分布，分别为北大街、皮房街、桥底街、真武庙街、西马道街、照壁街、文庙街，一条呈东西横向分布，即位于古城中北部的关帝庙街。古城中轴线以东分布有文庙、城隍庙、清虚观等重要礼制建筑，以西分布有武庙、县衙署、集福寺（已不存），中轴线延长线以北建有关帝庙。

1.1.2 中国“礼制”文化及其对中国古代城市规划理论的影响

中国“礼制”文化，起源于上古夏商时期的神权和王权思想。作为体现中国古代社会秩序的思想，其实是由远古天神崇拜和祖先崇拜的宗教祭仪演变而来。礼制，是划分人民等级制度，约束各阶级价值观念和道德规范的文化思想体系，代表着华夏民族共同认同的文化秩序。几千年来，礼制思想深刻影响并限制着社会生活诸方面，其中，象征王权统治的古代城池之营造，亦属其中。

首先，从城市规模的营造上来看，古代城市的等级与规模大小均有国家典章制度的“礼”序标准，不能逾越。按照礼制的营国制度，建制规模遵循“王城方九里，诸侯城方七里，采邑城方五里，子男之城（即县城）仅方三里”。《考工记》中，对城隅高度的“雉”，规定由王城城隅高度为基准，下分九、七、五、三这 4 个级别。王城城隅高为九雉、诸侯国七雉、采邑城五雉、县城三雉。另外，城内道路数量及路幅宽度，在礼制等级上也都有要求。城中道路系统的规定亦呈九、七、五、三这 4 个级别，其中城中主干道的规制，王城为九轨，县城为三轨。

其次，城市空间构成从礼制规划思想来看主要体现了以下 4 个方面的显著特征。

“五方四象”是古代城市营造的重要规则。“五方”即东、西、南、北、中五个方位，“四象”是中国古代用四种灵兽和肤色代表东、西、南、北四个方向的说法。中国古代城市营造讲究四个方向的建设平衡。城市由四面城墙围合成方形，中规中矩。城市中心纵轴指向正南、正北方向。由于城市形制布局以方形为基本特征，因此城市道路系统也呈现出垂直交错的网格状。方向的选择上根据礼制原则，尊卑有别，“南”贵于“北”，“东”贵于“西”。

礼制规划原则之“突出中心”，首先体现在城市“择中而立”的营造理论。礼制的方位尊卑观念里，“中”为尊，辖四方供奉及拱卫之核心。因此，这个方位宜于建国、置宫。

“强化中轴”，则体现城市空间布局中的“对称”原则。其实，从整座城市来看，中规中矩的方形建设本身就体现了一种“对称”。在中国古代城市空间规划中，地位相当的功能建筑布局在空间上往往需要对称，如宗庙建筑和社稷建筑之对称、文系建筑和武系建筑之对称、佛教建筑和道教建筑之对称等等。更由于古代方位论中，“东”贵于“西”，因而对称布局下同类建筑中，又以位“东”者为尊，位“西”者为卑。这种“左祖右社”、“左文右武”、“东道西寺”（古代辨方位时面南背北，左东右西）的对称布局形式，均反映了礼制规划思想中“强化中轴”的布局理念。

此外，“面南为尊”也是礼制规划原则的重要表现。具体而言，城市主入口的朝向、公共建筑空间入口的朝向，以及重要建筑的主立面朝向，甚至住宅院落的入口和宅院中级别最高的居室朝向，均需遵守“面南为尊”的礼制方位理念。

角楼

以上所述“五方四象”、“突出中心”、“强化中轴”、“面南为尊”等体现礼制文化的空间布局手法，不仅是城市空间构成遵循的原则，也是城市中的公共建筑群营造、城市组成基本单元民居院落的建造的法则。

礼制建城规模统计表

礼制等级	等级 1（九）	等级 2（七）	等级 3（五）	等级 4（三）
城市规模	9 里（20.25km^2）	7 里（12.25 km^2）	5 里（6.25 km^2）	3 里（2.25km^2）
城墙高度	9 雉（30m）	7 雉（23 m）	5 雉（17 m）	3 雉（10 m）
主干道路宽	9 轨（16.5 m）	7 轨（12.9 m）	5 轨（9 m）	3 轨（5.2 m）

分析对象	五方四象	突出中心	强化中轴	面南为尊
礼制规划特征图示	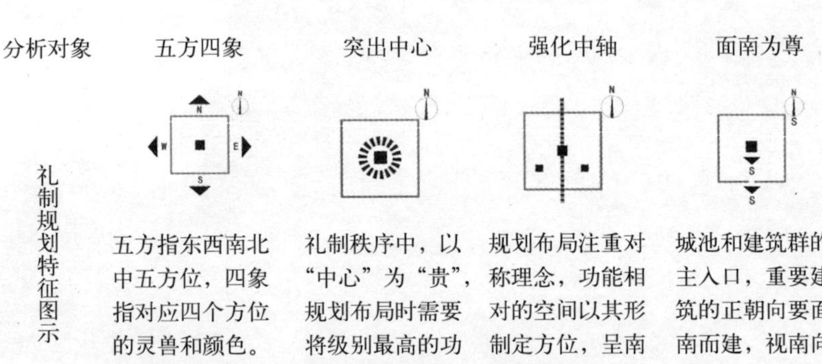			
	五方指东西南北中五方位，四象指对应四个方位的灵兽和颜色。意为营造需正方位，各向俱全	礼制秩序中，以“中心”为“贵”，规划布局时需要将级别最高的功能置于中心位	规划布局注重对称理念，功能相对的空间以其形制定方位，呈南北纵轴东西对称	城池和建筑群的主入口，重要建筑的正朝向要面南而建，视南向为尊

礼制文化在古城城市空间布局中的表现特征分析

古城鸟瞰

1.1.3 从“礼制”文化看平遥古城城市空间构成及其表现

平遥古城历尽三千年岁月沧桑，几经变迁，是我国境内目前保存最为完整的一座明清时期的古代县城。无论城市的营造规模，还是空间布局构成，抑或礼制建筑公共空间的布局，或是民居院落，无一不是中国古代“礼制”文化的缩影。

城墙

（1）平遥古城城市规模

平遥古城城池呈方形，由东、南、西、北四面城墙围合而成。城墙周长 6162.7m，其中东墙 1478.5m，南墙 1713.8m，西墙 1494.3m，北墙 1476.1m。东、西、北三面俱直，南墙呈弯曲状。城墙外侧出于防卫功能建有环城护城河，城墙内侧建有环城马道。古城城池总面积约 2.25km^2，按照古代计法为 3 里。自秦“郡县制”以来，平遥一直为县。县级城池是古代城市规模中最小一级，从国都到县城分为九、七、五、三等级别，由平遥的面积来看正是 3 里级别的县城一级，恪守了这一“礼序”。平遥城墙平均高度为 10m，底宽 8 ～ 12m，顶宽 3 ～ 6m。顶外侧砌垛堞 3000 个，高为 2m，垛口宽 0.53m，每个垛堞均设有瞭望口（25cm × 17.7cm）。城墙内檐砌女儿墙，高 60cm。城墙四隅各筑有一座平台，上面分别建设角楼。城墙外檐每隔 40 ～ 100m 设马面一座，上建有敌楼，共 71 座，连同城东南角上魁星楼共 72 座。礼制营城规定县城一级城墙高度为 3 雉（即 10m），平遥古城环城城墙高度平均为 10m，正符合这一礼制营造法则。平遥古城街巷现存格局形成于明清时期。城内街道布局十分讲究，朝向分明，南北正直，东西对应。古城内实际共有大小街巷 199 条，总计长度 3.93 万 m，占地面积 18.4 万 m^2。东西走向有三条主干道，北面一条东起上东门，西至上西门，以南大街为界分为东大街和西大街。中间一条由城隍庙街和衙门街组成。南面一条东起下东门，西至下西门，由南大街为界分为东南门头街和西南门头街。南北主干道有一条，北起东大街，南至南门，贯穿市楼，与东西向三条大街形成“王”字形主干道。其中南大街宽 5.1m、东大街宽 5m、西大街宽 5.1m、城隍庙街宽 5.2m、衙门街宽 5.2m、东南门头街和西南门头街皆宽 5m，平均 5.1m。根据礼制营城规定，县城三轨（即 5.4m），平遥古城的主要干道系统基本符合了这一三轨之畴，因此平遥古城城中道路形制也遵循了礼制规划理论原则。

（2）平遥古城城市空间布局

古城城池面南背北，城墙四面围合呈方形。环城六座城门分居东西对称各两座，分别是上东门和上西门、下东门和下西门；南北对称

城楼俯览

各一座，分别为南门和北门。古城内道路主干道“王”字形布局端正南北。古城在选址修筑时，曾随南面“柳根河（古称中都河）”而筑，呈南偏东 10° 左右。但全城总体仍呈中规中矩，正向方位布局。由此从平遥古城整体城池布局可以看出它体现了礼制规划中的“五方四象”。

平遥古城属“县”级城市，因此在城市中心并无宫室，而是建造了全城制高点之“金井市楼”。市楼（楼南有井，水色如金，故此楼又称“金井楼”）始建年代不详，重修于清康熙二十七年（1688 年），后有修补。市楼结构为三重檐歇山顶木构架楼阁，通高 18.5m，跨街而立、雄踞全城，是城内独一无二的楼阁式高层建筑。“金井市楼”位于中心、居高临下的布局，体现了礼制规划理论中“突出中心”的特点。

从古城平面图来看，平遥古城“王”字形主干道系统的建立，则突出了南大街作为古城中心对称轴线的地位。同时，南大街北侧建有关帝庙，这一公共祭祀建筑空间的布局，使南大街的轴线向北延伸至古城北部。于是，南大街与其北侧延长线上的关帝庙，共同构成了贯穿古城的中轴线。中轴线的两侧分布有平遥最重要的公共建筑——平遥县衙、城隍庙、文庙、武庙、清虚观和集福寺。这些公共建筑分别位于古城南大街中轴线两侧的城隍庙街－衙门街、东南门头街－西南门头街以及东大街－西大街等东西向主干道路北侧。县衙署作为封建社会的行政机构，主司人治，位于轴线之西。而城隍庙，是神治之所，位于轴线之东。二者分立，各司其职，从而达到社会的“人神共治”。正因为城隍庙是神治之所，因此，其形制要高于县衙，居东之尊位。由此看出，礼制思想下“左祖右社”之制在县制古城平遥中，具体被表现为“左城隍、右衙署”的空间布局。平遥文庙，占地面积 3.58 万 m^2，而平遥武庙占地面积仅为 0.32 万㎡，文庙建筑群规模要远大于武庙。文庙的礼制等级高于武庙，因此正像北京紫禁城中，左有“文华殿”，右有“武英殿”的东西对称布局一样，平遥古城也恪守了“左文右武”之制。文庙南侧古城东南隅的文昌阁和魁星楼，均系传统文系建筑。位于武庙南侧城西南隅的真武楼和罗汉庙则系传统的武系建筑。

如是，“左文右武”之制，不仅表现在文庙和武庙的对称布局中，同时反映在古城文系建筑布局空间与武系建筑布局空间的城市空间对称上。

“清虚仙境”是平遥古城十二景之一，指平遥清虚观建筑群，它属于中国道家文化建筑群，位于城内东大街东段路北，占地面积 0.59 万㎡。据史料记载，属于佛教建筑群的集福寺（今已不存）原址位于城西西大街西段路北。从平遥古城总体空间构成来看，二者以南大街和关帝庙连接而成的虚轴对称布局、恪守礼制规划对称理论中“东道西寺”之制。由上述分析来看，古城重要公共空间在城内均为左右对称式严谨布局，体现了“礼制”规划理论中“强化中轴”的要义。

平遥古城内主要礼制公共建筑群空间，城隍庙、县衙署、文庙、武庙均位于城内偏南，城市“王”字形主干道也非位于城之中央，而明显偏南。从城市功能建筑群的方位角度来看，古城南门（迎熏门）是全城的主入口。上述古城四座主要礼制公共建筑布局空间均位于“王”字形主干道中东西走向的大街北侧，其入口分别指向南面。在三条东西走向的主干道北侧建设有古城中规模较大的宅院，其主入口多位于临街北侧指向南方。由此，我们不难看出平遥古城的城市空间布局，体现了礼制规划中“面南为尊”的营造特征。

平遥古城城市空间总体布局分析

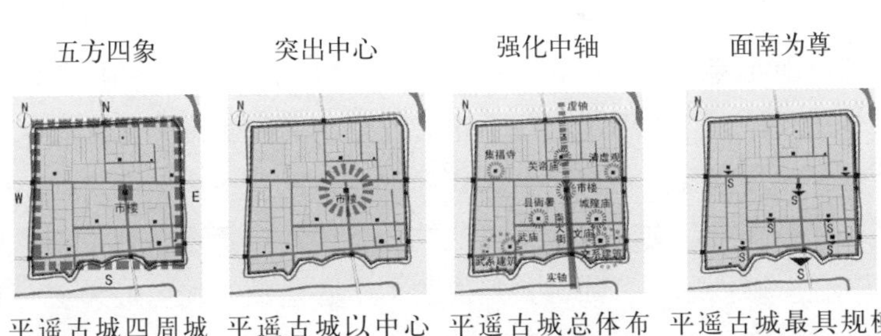

平遥古城四周城墙、城门基本呈东南西北正方位

平遥古城以中心市楼为制高点，强调突出中心

平遥古城总体布局东和西、南和北呈对称布局

平遥古城最具规模的城门——南门及中心市楼均朝南向

礼制文化在平遥古城城市布局空间分析图

（3）公共建筑空间布局

平遥古城礼制公共建筑布局空间，不仅在古时是人们祭祀、礼拜的功能空间，同时也是重要的公共聚集空间。礼制公共建筑布局空间，在古城总体空间中的布局中呈均制、对称特征，主要有位于古城中央的金井市楼，南大街以北延长线上的关帝庙，分别位于城隍庙街和衙门街路北以南大街为中轴对称布局的平遥城隍庙和平遥县衙署，分别位于东南门头街和西南门头街路北以南大街为中轴对称布局的平遥文庙和平遥武庙，分别位于东大街和西大街路北南大街为中轴对称布局的清虚观和集福寺（今已不存）。另外，平遥古城中还星罗棋布着各种不同规模的道、观、寺、庙等传统礼制建筑布局空间和建筑单体。从其总体院落规划营造的角度来看，对中国传统礼制规划模式“五方四象、突出中心、强化中轴、面南为尊”的营造特征均有所反映，其中文庙建筑布局空间最具代表性。

文庙是纪念孔子、彰显礼制文化的公共场所。平遥文庙坐落在城隍庙街南，建筑规模宏敞，占地 8240m^2，是中国现存罕见的宋金时期的文庙建筑群。文庙主庙区由四进院落组成。建筑布局空间整体呈南北长东西窄的长方形，总体沿南北纵轴对称布局，且纵轴与南门外云路街呈垂直状。纵观院落各向组成布局严谨。院落南向的主要组成部分上，庙区院落最南端主入口棂星门，棂星门北侧第一进院落空间中，东侧为乡贤祠，西侧为名宦祠，院落中轴偏北半圆形的泮池以及泮池北侧为大成门，以上构成了文庙院落的南侧部分。建筑群东、西两侧分别由南北走向的东庑、西庑构成。院落北向主要由明伦堂以及最北端尊经阁构成。平遥文庙院落中心，则由文庙主殿大成殿和大成殿南侧下沉式方形院落构成。从文庙布局空间的东、南、西、北、中五个组成部分来看，文庙的营造手法符合传统礼制营造法则中的“五方四象”这一规划原则。其中，整体院落中心建设有院中最为宏大的主体建筑大成殿。大成殿位于文庙布局中轴线上大成门的北侧，坐落于高 1m 的方形基址上，通面宽 25.82m、总进深 24.3m。它是文庙的主殿，是院落中规制最高的单体建筑。这一布局正反映了礼制规划“突出中心”

的尊卑等级观念特征。文庙建筑布局空间以南北向轴线呈东西对称布局。沿中心轴线自南向北，依次是庙区主入口棂星门、大成门、大成殿、明伦堂和最北端尊经阁。这些主轴上的门、殿、堂、阁，从其建筑单体的营造上来看，本身也都采取了左右对称的手法。文庙院落的整体营造上，东西两侧祠祠相对，庑庑相向，院落的铺装、道路、种植均为东西对称。这些也都完全符合传统礼制营造法则中“强化中轴”之特征。文庙建筑群中轴线上三个重要的建筑单体大成殿、明伦堂、尊经阁均为面南背北朝向，庙群主入口棂星门也位于全院南侧，这些建筑在空间上也呈面南背北之特征，符合“礼制”规划原则中“面南为尊”的方位要求。综上所述，平遥文庙建筑布局空间的营造均反映了“五方四象、突出中心、强化中轴、面南为尊”的礼制营造特征。

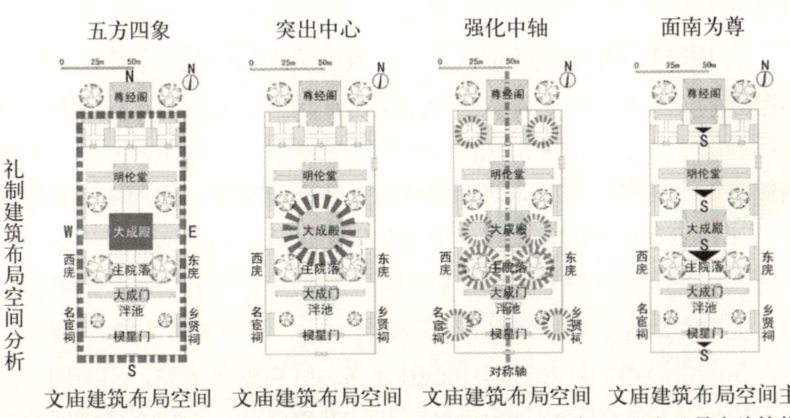

文庙建筑布局空间四周建筑物均为正东南西北方面

文庙建筑布局空间中最具规模的为中心大成殿

文庙建筑布局空间以东西两向对称布局为主要特征

文庙建筑布局空间主入口以及最大建筑体大成殿均朝南向

礼制文化在平遥古城公共建筑空间分析图

（4）民居院落空间

平遥古城内现存大量遗存百年以上的民居院落。城内现存民居3797处，其中保存完好的有400余处。平遥民居是中国北方民居的典型代表形式。其平面布局为院落式，典型院落基地呈东西窄、南北长的纵长方形。一般沿中轴线方向由几进套院组成，常见的为一进到三进，通常以三合院、四合院为主。有带偏院的，或纵横拼接形成多重院落。中间多以矮墙、垂花门分隔，采用三三制形式，即正房坐北朝南，通常采用二层楼阁形式。厢房等次要房间为木结构单层单坡瓦顶构造，南房为倒座形式。民居院落中多可见体现当地传统文化特征的院落装饰小品，其最具当地文化特色的是宅院风水楼和风水影壁，从传统风水相宅之法来讲，起避凶招吉之用，体现了中国古代“天人合一”的礼制文化表征。另外民居宅院中不乏各类工艺精美的木雕、砖雕、石雕等装饰手法，不仅愉悦了宅院内的生活气氛，同时还赋予了不同空间领域各自的寓意。

传统民居院落的营造不仅要符合生活、居住的使用要求，同时也需要符合中国传统礼制文化的营造特征。下面以平遥古城范家街2号民居院落为例，对礼制文化在其中的种种表现形式进行具体的分析和研究。

范家街2号住宅院落位于平遥古城内范家街路北，呈南北长、东西窄的长方形两进四合院。纵观宅院平面图，中心院落由四周住宅建筑围合而成。宅院南侧由东南角院门、倒座以及前院空间构成。东西两侧分别由各自三间的东西厢房构成。院落北侧由五间构成的正房以及房前柱廊道空间组成。院落中心是宅院中唯一的生活公共空间——主院落。院落的布局方式反映了礼制营造手法中“五方四象”的特征。四合院中心是各个居室公用的室外院落空间，居室入口均指向主院落，有很强的中心指向性和院落中心围合感。俯视整体宅院，四面围合的居室建筑其屋顶均呈由外向内倾斜状，有很强的中心聚合感。这些表现都反映了礼制营造特征中的“突出中心”。该院落以南北纵向中轴对称布局，沿轴线自南向北依次是倒座、前院、垂花门、主院落、柱廊道和正房。院门并没有设置在院落南向的正中间。从该院落总体规模来看，属于住宅四合院中规制比较低的宅院。按照住宅院落入口营造礼制规则，规制较低的宅院入口应建设在中轴一侧，体现尊卑有序的礼制营造观念，范家街 2 号院正是符合这一礼序原则。位于院落中轴的前院、垂花门、主院落、柱廊道和正房其本身均为中轴对称式构成。东西厢房建筑形式一致，布局呈中轴对称。这些对称的营造手法均体现了“强化中轴”的礼制营造特征。范家街 2 号院位于街北，其宅院入口面南，故院落整体呈面南背北方位朝向。位于主院落北侧的四合院正房是面南背北朝向。院落入口和正房朝向均恪守“面南为尊”的礼制营造特征（住宅院落因地而异，不能保证所有的宅院均能建成坐北朝南的方向，但此方向为传统宅居院落最佳营造方位）。宅院中居住划分等级，正房规制最高，供长辈居住，“东贵西次”的礼制等级观念则拟定了“东兄西弟”的厢房使用次序，传统的礼教思想在小小的四合院中得到了充分的体现。

城楼俯览

城墙

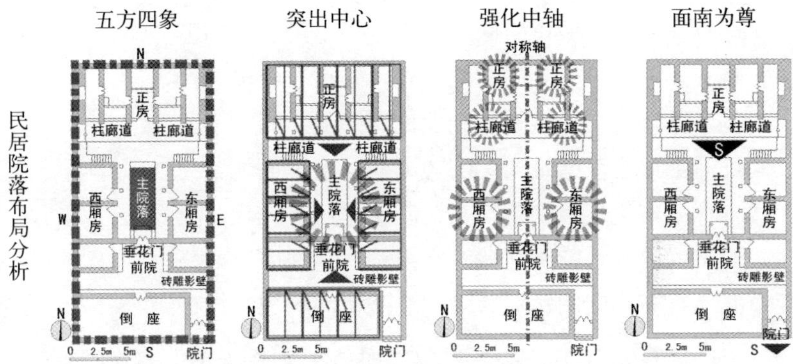

主要民居院落四周正房、东西厢房、倒座均为正方位

房屋入口均指向中心，屋顶均为单面倾斜向中心聚拢

主要民居均以整体纵向中心轴呈对称布局

主要民居院落入口及最主要房屋——正房均朝南向

礼制文化在平遥古城民居院落空间分析图

“礼制”文化作为中国古代帝王制度的政治产物，对古代城市空间营造产生了不可磨灭的影响。以上通过充分的文献调查，分析了中国“礼制”文化对古代城市规划理论的影响。同时，通过对平遥古城建筑实际的考证，得出平遥古城在自身城市规模级别上符合礼制文化对于古代县级城市的要求，特别是城池空间构成、城内重要公共建筑布局空间构成、民宅院落空间构成等诸多方面，展示了“五方四象、突出中心、强化中轴、面南为尊”等礼制文化中空间营造的特征。因此，大到城市空间布局，小到民居宅院的营造，平遥古城都可视为中国传统“礼制”文化下的结晶。

城墙

1.2 平遥古城公共空间

除民居院落空间占主要地位之外，公共建筑群空间也是平遥古城的重要组成。古城内汇集有佛教、道教、儒教等多种公共祭祀宗教建筑群。主导这类公共祭祀空间营造的依据，除宗教信仰本身外，还有传统祭祀文化。同时这些公共建筑群也是与城市居民日常生活密切相关的文化交流场所，可在文化教育上带给周围居民以熏陶。然而，如何理解古代城市空间的营造规则，并继承这一传统“古为今用”，仍是现实中重要的课题。回应这一问题，以下将平遥地区大型公共建筑群外部空间作为考察对象，做一探析。

平遥公共建筑群分属儒教、道教及佛教。建筑群均为 4 ～ 5 进的大型建筑群落。各建筑群中的主殿均为敷地内最大的单体建筑。主殿建筑包括：大成殿（文庙）、城隍殿（城隍庙）、三清殿（清虚观）、万佛殿（镇国寺）及大雄宝殿（双林寺）。其中，最为珍贵的要数文庙中的大成殿，是国家一级保护单位。其次，双林寺以彩塑享誉中外，被称为“东方彩塑艺术宝库”。

城楼

1.2.1 平遥公共空间构成要素及特征

平遥古城以南大街为轴，呈东西对称，同时在县衙—城隍庙一线呈南北对称。县城南部，东文庙，西武庙（现尚未完全修复），呈“左文右武”的空间布局形态。其中左（东）尊右（西）卑，源于礼制思想中对德治（文治）的推崇。县城北部，东有清虚观，西有集福寺（现已不存），同样也呈现出东西对称的特征。两线一南一北，这一布局大体主要源自于宗教的解读，即道教（以清虚观为代表）以东为所归，佛教（以集福寺为代表）以西为所源。于是，这种布局又体现了传统城市空间布局中“东道西寺”的布局要求。城市中部，东有城隍庙，西有县衙，也呈现出了东西对称的特征。若论根源，都出自礼制思想下的天人关系。城隍庙作为城市保护神的宗教空间，代表了地方神治的最高机关。礼制文化中东为阳，东为上，神高于人，因而供奉地方神的城隍庙理应布局于东。县衙是县城人治的最高机关，低于神治，同时牢狱多与人之死伤有关，属阴，因而在城市布局中位于下位，即西方。这种对称布局也是符合礼制思想的。

县衙—城隍庙一线的南北空间布局，也出自于礼制思想。按照礼制，北面，求诸幽之意也（檀弓下第四）。幽，是相对于人间的幽暗之地，可理解为神鬼之界。而无论是佛教的集福寺还是道教的清虚观，均为不同于人间世界的神鬼供奉处，从城市空间布局上也置其于北。文庙和武庙，则作为祭祀文武圣人的场所，兼具城市功能（比如文庙也是承担教育功能的公共建筑），无疑是属于人间社会的，因此布局上置之于城南。

除城内的公共建筑群外［如，儒教的城隍庙、文庙，道教的清虚观，佛教的集福寺（已毁）］，著名的镇国寺和双林寺等佛教建筑群均位于城外。而在平遥传统地域文化中，儒教和道教是辅佐政治统治的主要宗教类别，因此公共建筑群的分布也略见政治寓意。

综上所述，平遥公共空间的分布具有以下几个特征：左文右武的儒教礼制思想；东道西寺的宗教文化特征；东高西低、人神共治的“天人合一”的传统文化思想及特征；从总体布局来看，公共建筑群布局中的礼制文化思想不仅体现在东西两侧的对称特征中，也体现在南北空间布局的特征里。

图示	文化内涵解释
西 东	城市空间布局整体上呈现东西对称的特征： 左文右武（文庙－武庙） 东阳西阴（城隍庙－衙门） 东道西寺（清虚观－集福寺）
寺 道	清虚观与集福寺的对称布局体现了传统城市空间布局中“东道西寺”的布局特征。其文化根源始于宗教的起源地。
人 神	城隍庙和衙门的对称布局体现了“东阳西阴”“东尊西卑”的礼制要求。“神治”与“人治”的对称布局体现传统“天人合一”的礼制思想。
武 文	文庙和武庙的对称布局沿袭了传统礼制规划思想的“左文右武”空间布局。

公共建筑群的分布关系

大成殿与龙门

1.2.2 公共建筑群外部空间构成要素及特征

从以上五个研究对象的总体空间布局来看，均系南北轴长，东西轴短的长方形。这里可看出公共建筑群的总体布局遵循传统营造学中“五方四象”的礼制文化精髓。建筑主入口均设置在用地南侧，因而各公共空间均呈“坐北朝南”的布局，符合“面南为尊”的营造要求。

从各外部空间院落的位置及使用功能上来看，可分为：入口空间、主殿前空间、主殿后空间、禅院空间、辅助祭祀空间以及游离空间。

入口空间均位于各公共建筑群的最南端。主要的功能是分界外部城市空间与内部祭祀空间。这一空间的设置对外来祭祀人流具有一定的缓冲作用。镇国寺的入口空间比较特殊，采用了四层台阶式的月台。这个月台式空间同样是为了分界内外，舒缓人流的。无疑，入口空间也对人们进入祭祀空间时，无论是物理还是心理上起到了一定肃穆的作用。

从五个对象地的主殿前院落空间来看，外部空间均尺度较大。这一空间是外来人群进行参拜祭祀行为的主要聚集场所。主殿建筑单体，均面向这一空间开敞。从功能上来看，较大的空间容量，不仅是为了祭祀人群的聚集，同时也强调主殿单体建筑的中心地位及视觉上的宏伟壮观。这一空间是祭祀行为的最重要的外部构成。从形态来看，主殿前院空间均为对称布局，这种对称布局符合祭祀对庄严肃穆的要求。

位于主殿建筑北侧的后院空间，则是对祭祀行为的缓冲。同时这一空间连接主殿建筑与后方辅助功能空间，具有重要的桥接作用。

禅院空间是提供各公共建筑群中的守护者（僧人、尼姑等）使用的，相对私密。其中文庙与城隍庙的禅院空间位于敷地的最北侧，且以中轴对称形式布局。城隍庙的禅院空间是五个对象地中最小的。镇国寺和双林寺的禅院空间分别位于中轴的西侧和东侧。院落空间均为传统四合院形式。这两个寺同属佛教寺院，禅院空间的营造上十分相似，均被游离空间围合。

在城隍庙的主殿建筑两侧设置有东西两个辅助祭祀空间（灶君殿

和财神殿)，体现了城隍庙祭祀多神的传统。并且，这两个辅助空间并没有以中轴对称形式布局。

在佛教建筑群的镇国寺和双林寺中，亦设置有大面积的游离空间。游离空间的形态呈对主祭奠区域的包围状。

从祭祀行为来看，具有直接关系的外部空间有入口空间、主殿前空间、主殿后空间。祭祀主殿作为祭祀行为的核心一般建设为公共建筑群中规模最大的单体建筑。将这四个构成要素抽出，作为祭祀行为空间来分析。五个研究对象均设置有这四个要素。可以看出，这四个要素自南向北依次排列（a → b → M → c），从空间分布上看呈中轴对称形式布局。这四个室外空间及其纵向排列模式是所有对象地共同的空间构成特征。

综上所述，各公共建筑群空间虽各属不同宗教类别，但受传统营造文化和地域文化的影响，祭祀空间的主要组成部分具有共同的空间构成要素及空间构成模式特征。其余部分的营造依据各公共建筑群的宗教别和使用目的不同，而在构成要素及构成特征上有所不同。

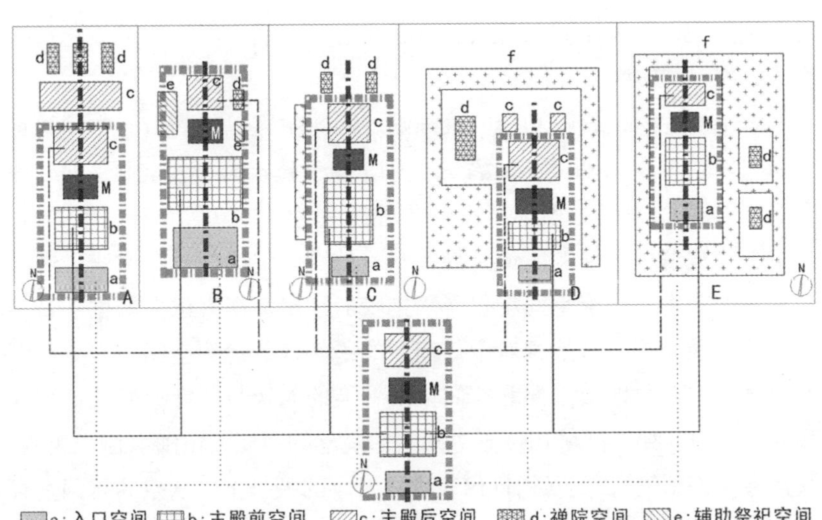

室外空间构成要素及模式图分析图

1.2.3 公共建筑群外部空间的序列及其特征

从建筑群入口到祭祀的主殿，从主殿到建筑群最深处有若干次外部空间的转换。这些空间的转换是室外院落空间的功能所赋予的空间性质变化。

从总体空间布局来看，最南侧的入口空间是室外空间的“最外”部，最北侧的内院落空间是室外空间的“最内”部。由北向南依次进行空间转换，是建筑群空间的一般规律。由外界空间向入口空间的内外转换，是这个空间转化序列的原点。由外面的城市街路进入公共祭祀空间，心理上需要摆脱市井喧嚣，为进入神域而安静下来。

文庙的主入口由围墙和入口牌楼构成，经过第一次内外空间转换过程后，进入祭祀行为的入口空间。城隍庙和清虚观的入口空间转换与此相似。镇国寺通过月台这一特殊的入口空间直接进入到主殿前院落空间。双林寺的入口是先进入回环的游离空间，再进入祭祀入口空间。文庙的第二次内外空间转换则是由入口空间向主殿前院落空间的转换。通过过堂式建筑（大成门）深入到下一进院落空间。这次转换后，正式达到祭祀活动的主殿前院落。从祭祀心理来看，再一次为祭祀行为作了心理上的转换。

祭祀的主殿是祭祀功能的最末端。因此主殿以南的所有空间均可视为“外空间”。由此再向北深入，则是整体建筑群“外空间”向“内空间”的转换。从这一转换过程来看，五个对象地的转换过程基本类似。在整个建筑群中，禅院区域是最为私密的“内”空间。在文庙、城隍庙和清虚观中，禅院空间均包含于主殿后区域，在方位上均位于公共建筑群的最北端。这是相对于最南侧的主入口最远的空间，由此可以看出这三个对象地由南向北空间依次转换的逐次封闭性。而在镇国寺和双林寺中，禅院区域均位于主殿前后院落的两侧（镇国寺位于西侧，双林寺位于东侧），其私密性仅表现在窄小的入口上，从空间布局上来看并没有其他三个对象地的禅院区域私密性强，这也是佛教建筑群区别于其他宗教建筑群的重要特征。

综上所述，公共建筑群经过几次“内外”空间转换，逐渐由外向内升级空间的私密性。这种空间的转换序列，主要服务于外来祭祀者的心理变化。所有对象地祭祀区域内的空间序列具有相同的配置，而在禅院空间的序列配置中，佛教建筑群的序列配置与其他宗教建筑群有明显不同。

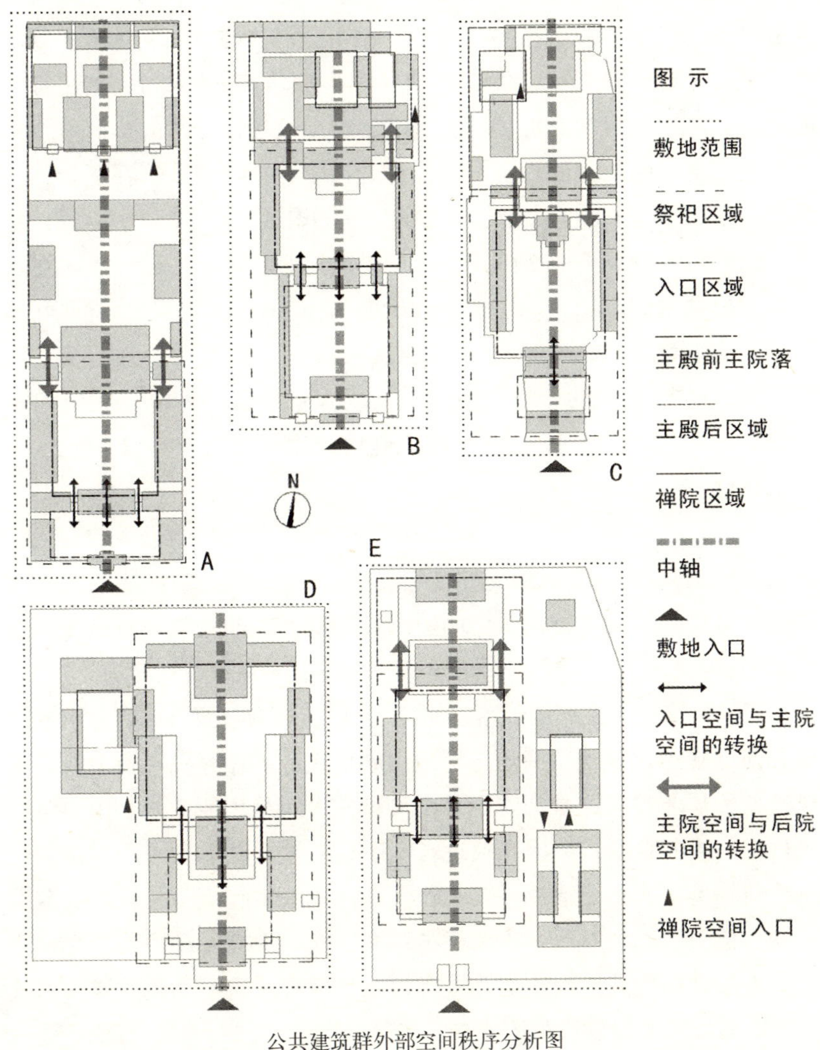

公共建筑群外部空间秩序分析图

1.2.4 公共建筑群入口空间配置及动线

平遥公共建筑群均设置在东西走向道路的北侧，入口配置均采用了南侧入口配置形式。同时，入口的配置均为中央位置，这种入口的设置符合中国传统祭祀空间的营造特征。中国传统空间文化中,以“中”为贵，因此从入口空间布局来看，中央位置的营造更有利于外来祭祀人群对最终祭祀空间产生崇敬的心理作用。在传统空间文化中，以北为“上”，以南为“下”，公共空间的总体布局以南侧入口为祭祀行为的起点，沿中轴线向北延伸，这一空间移动过程在传统的空间方位文化中是“由下而上”的表现，同样也是为使外来祭祀人群在逐步到达祭祀主殿的过程中，逐次增加对神域空间的崇敬。

此外公共建筑群空间的次入口设置，只发现于文庙和清虚观这两个对象地中。文庙的次入口设于中央主轴的东侧。在传统方位学中，有“东高西低”的方位观念，因此次入口的配置设在主轴东侧，体现了这一传统文化的特征。清虚观的次入口设置为两个，且以中轴呈对称形式布局。其他的公共建筑群均未设置次入口，显示了较强的私密性。

从公共建筑群室外空间动线分析图来看，文庙与清虚观的动线完全为中轴对称的形式。城隍庙的动线分布，除最北侧的禅院空间外，其他部分均为中轴对称形式。而镇国寺和双林寺的动线分布由于禅院空间和游离空间的不对称分布，因此总体呈非对称形式展开。

在入口空间与主殿前院落空间的连接上，文庙与双林寺形式相近。中央为过堂式建筑，两侧为进院入口的形式，因此存在三条动线。而城隍庙和清虚观的这条动线只有中央过堂式建筑才能通过。镇国寺的入口空间为月台形式，因此通过天王殿这一过堂式建筑可以直接到达主殿前院落空间，营造形式较为特殊。在主殿前院落与主殿后院落的动线连接上，五个对象地均为三条动线连接。中央的动线均为穿过主殿可直接到达后院。两次均为进院式入口配置。这种动线配置的形式都可以看出对主殿建筑强调的空间特征。

在文庙、城隍庙和清虚观中，禅院空间与主殿后院落空间均以动线连接。而在佛教建筑群镇国寺和双林寺中，禅院空间均与环状形式的游离空间由动线连接，这种动线分布，是儒教、道教建筑群最大的区别。

从祭祀行为空间来看，入口、入口空间、主殿前院落空间和主殿后院落空间之间的动线连接，在五个对象地的分布中均为中轴对称形式展开，可视为宗教祭祀空间中共同的动线分布特征。

大成殿

文庙主殿前

综上所述，公共建筑群的主入口以用地南侧中央配置为特征，且次入口配置少，可见公共建筑群私密性强的营造特征。在祭祀空间中的交通动线分布呈由南向北推进，且呈中轴对称，而其他功能的动线分布，则可因宗教类型的不同，在动线行走上各异。

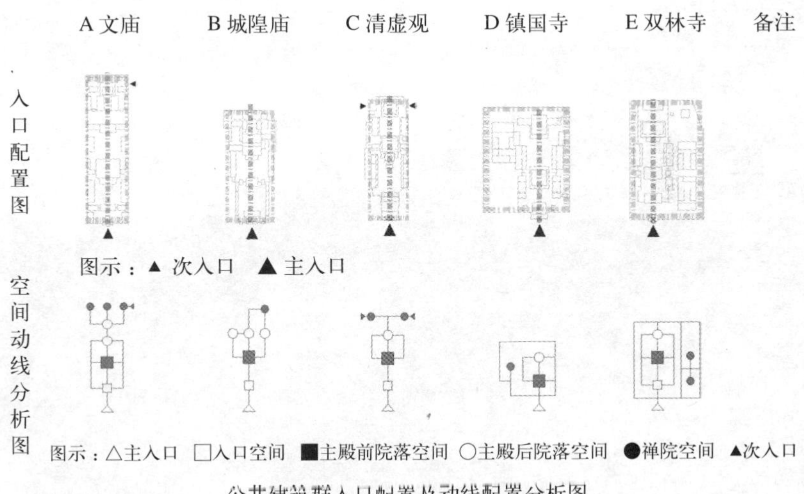

公共建筑群入口配置及动线配置分析图

通过对平遥地区公共建筑群外部空间构成的考察，对其总体空间布局、外部空间的构成要素、外部空间的序列以及入口配置和动线进行了分析和总结。分析中可以看出，公共建筑群的分布，受政治意识以及礼制文化影响深远。祭祀空间的主要组成部分具有共同的空间构成要素及空间构成模式特征，其余部分的营造，则依据各公共建筑群的宗教类别和使用目的不同而有所差别。这种空间秩序的“内外”转化，有助于辅助祭祀者的心理澄静。祭祀区域在空间序列上具有相同配置。主入口配置均为南侧中央配置，符合传统营造手法。次入口的配置较少，公共建筑群的私密性较强。现在，作为文物古迹的公共建筑群除保留基本的祭祀功能外，更多则是以观光旅游的形式被利用。

清虚观

壁景堡主路

1.3 "堡"

"堡"是平遥地区民居聚落的表现形式，与中国传统住居聚落"胡同"（北京）及"里弄"（上海）的空间形态不同。平遥古城内的壁景堡至今仍然完好地保持其原有的生活空间结构，正是研究平遥地区民居聚落院落空间特征的典范。

西壁景堡
观音庙**
中壁景堡
观音庙**
东壁景堡
观音庙**
0
25m
50m
院落空间
交通空间
院落入口位置
各堡内公共交流空间

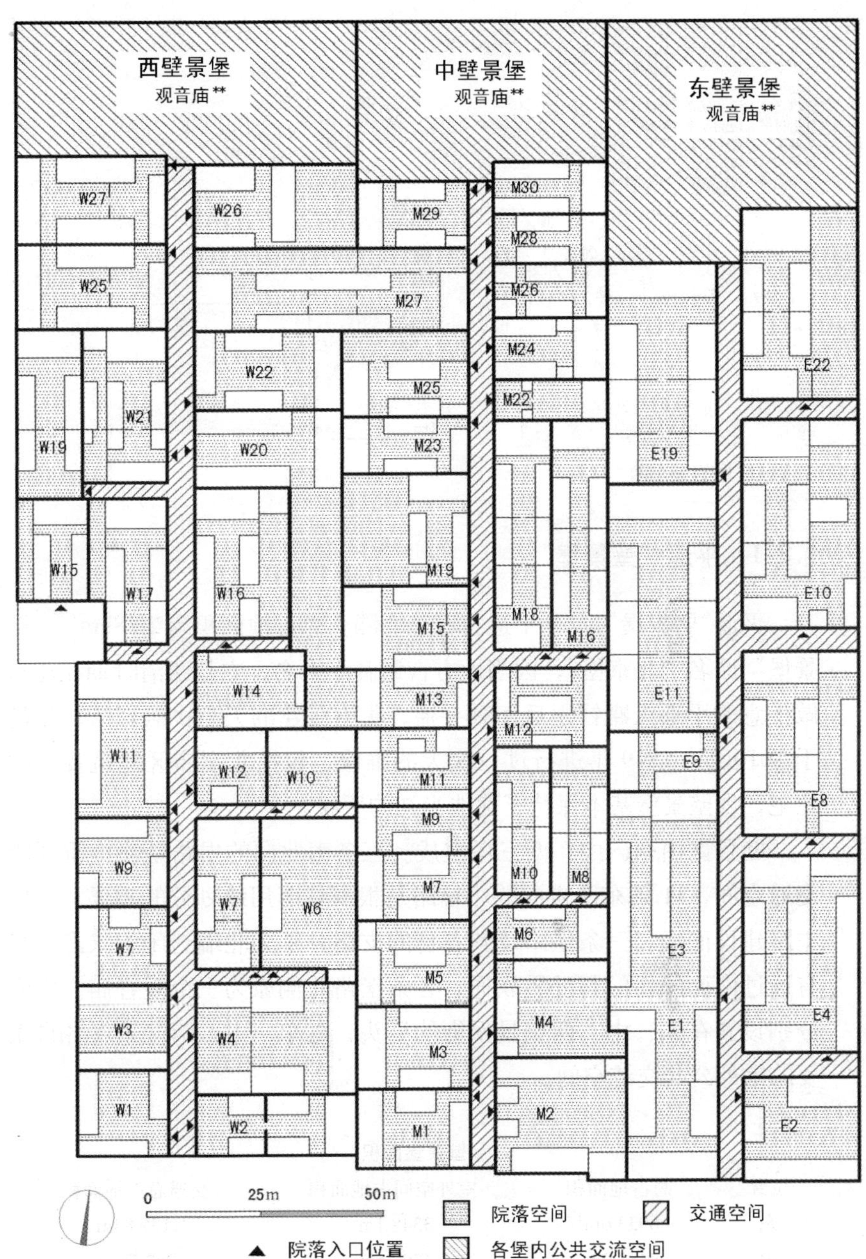

平遥古城“壁景堡”平面图

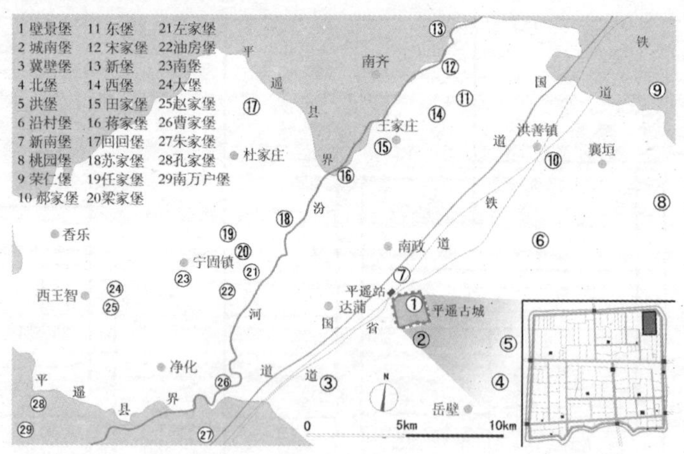

平遥地区堡的分布图

1.3.1 平遥“壁景堡”

平遥“壁景堡”，位于平遥古城东北隅。总占地面积为 2.88hm^2。“壁景堡”原名“北京堡”，因当地方言谐音而得名。它是明清时期在北京做生意的平遥人赚钱之后回到平遥，集中修建的大型民居聚落，始建于 1610 年。1849 年进行过一次大的维修，包括北端庙区建筑及受损住宅，现壁景堡基本保持了建造当初的原貌。

壁景堡由东、中、西三堡组成。三条南北向的堡路是堡内重要的交通空间，11 条东西走向的小辅路是根据院落用地划分的需要，辅助主路建设而成。三条堡路及其各自的支路分别为北端封闭的状态，只有通过南面的堡门与外界联通。各条堡路北侧原为三个观音庙。它们分别设置在东、中、西壁景堡街的尽头，是东、中、西壁景堡各自重要的室外公共交流空间。

壁景堡面积

位置	总占地面积	室外空间占地面积	交通总占地面积
东	6933.6m^2	3348.1m^2	1139.84m^2
中	8483.7m^2	4397.5m^2	982.51m^2
西	8543.7m^2	4707.7m^2	1202.72m^2

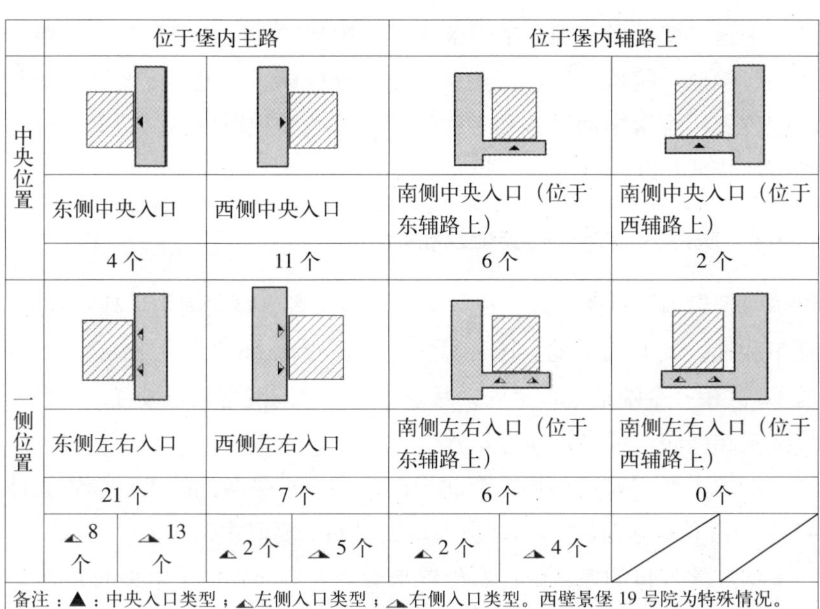

	位于堡内主路		位于堡内辅路上	
中央位置	东侧中央入口	西侧中央入口	南侧中央入口（位于东辅路上）	南侧中央入口（位于西辅路上）
	4 个	11 个	6 个	2 个
一侧位置	东侧左右入口	西侧左右入口	南侧左右入口（位于东辅路上）	南侧左右入口（位于西辅路上）
	21 个	7 个	6 个	0 个
	◬8 个　◬13 个	◬2 个　◬5 个	◬2 个　◬4 个	

备注：▲：中央入口类型；◬左侧入口类型；◬右侧入口类型。西壁景堡 19 号院为特殊情况。

入口配置类型模式图

壁面雕刻

平遥“壁景堡”内住宅院落属于中国华北地区传统形式，主要由宅门、倒座、院落、厢房、正房等几部分构成。这里，主要针对院落宅门位置、院落空间进数和对称性、各占地面积规模、长短轴比例的类型及特征加以考析。

1.3.2 院落入口配置的类型及特征

壁景堡内主路的空间构成呈南北走向，各堡路之间均呈独立状态，互不联通，具有高度的封闭性特征。壁景堡内 58 个住宅院落，除 E1 与 E3 共用一个院落入口之外，其余均为单独的院落入口设置。根据入口位置和朝向，可将其分为 8 个类型。

堡内主要交通道路均为南北走向，位于主路两侧的入口设置总计 43 个，占总院落数的 74%，是入口配置的主要形式。

从院落入口的左、中、右位置来看，入口配置位于中央的共有 23 个，4 种类型。其中位于堡内主路上的有 15 个（内含东侧入口 4 个，包括 M5、M11、M15、M25；西侧入口 11 个，包括 M2、M6、M22、M24、M26、M28、M30、W2、W4、W14、W26）；位于院落南侧入口的配置均设在辅路北侧，共 8 个。入口设置在非中央位置的院落总共有 34 个，4 种类型。其中位于左侧的入口有 12 个，右侧的入口有 22 个，右侧型占非中央位置入口个数的 65%。其中，W19 院落的入口设置较为特殊，该入口虽然位于西辅路上，但是入口设置并不是南侧，而是辅路尽端，入口设置在院落宅地的东侧最南端。在 W15 入口处有一个前庭，这是堡内唯一的一处带有前庭的住宅院落。

综上所述，74%的住宅院落入口设在堡内主路两侧，因此住宅院落的入口位于东侧或者西侧的较多。院落入口类型以中央和右侧入口为主。这与中国北方地区传统住宅营造模式（南侧左入口）有较大区别。

<table>
<tr><td></td><td colspan="2">项目</td><td colspan="6">院落类型、数量及比例</td><td>其他</td></tr>
<tr><td rowspan="6">一进</td><td colspan="2" rowspan="2">类型平面图</td><td colspan="2">非对称型</td><td colspan="2">对称型</td><td colspan="2">对称型（加偏院）</td><td rowspan="2">A 为非对称布局，B 为对称布局，C 为加偏院型布局</td></tr>
<tr><td colspan="2"> 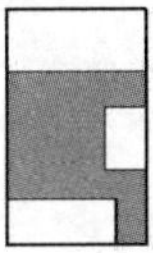</td><td colspan="2"> 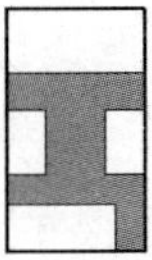</td><td colspan="2"> 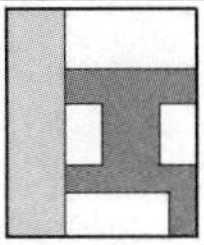</td></tr>
<tr><td>个数</td><td>类型编号</td><td>9 个</td><td>1A</td><td>16 个</td><td>1B</td><td>7 个</td><td>1BP</td><td>32 个</td></tr>
<tr><td colspan="2">平均占地面积</td><td colspan="2">316.62m^2</td><td colspan="2">289.92m^2</td><td colspan="2">414.84m^2</td><td>324.75m^2</td></tr>
<tr><td colspan="2">平均室外院落面积</td><td colspan="2">196.51m^2</td><td colspan="2">140.51m^2</td><td colspan="2">259.80m^2</td><td>182.36m^2</td></tr>
<tr><td colspan="2">平均室外院落占地率</td><td colspan="2">61%</td><td colspan="2">47%</td><td colspan="2">60%</td><td>54%</td></tr>
<tr><td rowspan="6">二进</td><td colspan="2" rowspan="2">类型平面图</td><td colspan="3">对称型</td><td colspan="3">对称型（加偏院）</td><td></td></tr>
<tr><td colspan="3"> 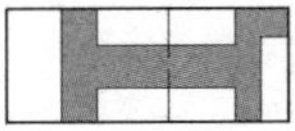</td><td colspan="3"> 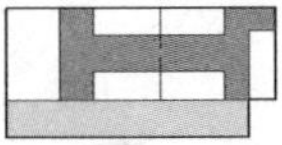</td><td>B 为对称布局，C 为加偏院型布局</td></tr>
<tr><td>个数</td><td>类型编号</td><td colspan="2">11 个</td><td>2B</td><td colspan="2">10 个</td><td>2BP</td><td>21 个</td></tr>
<tr><td colspan="2">平均占地面积</td><td colspan="3">385.90m^2</td><td colspan="3">586.61m^2</td><td>481.48m^2</td></tr>
<tr><td colspan="2">平均室外院落面积</td><td colspan="3">179.18m^2</td><td colspan="3">295.00m^2</td><td>234.34m^2</td></tr>
<tr><td colspan="2">平均室外院落占地率</td><td colspan="3">48%</td><td colspan="3">50%</td><td>49%</td></tr>
<tr><td rowspan="6">三进</td><td colspan="2" rowspan="2">类型平面图</td><td colspan="3">对称型</td><td colspan="3">对称型（加偏院）</td><td></td></tr>
<tr><td colspan="3"> 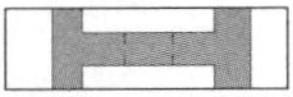</td><td colspan="3"> 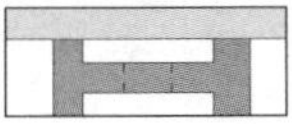</td><td>B 为对称布局，C 为加偏院型布局</td></tr>
<tr><td>个数</td><td>类型编号</td><td colspan="2">4 个</td><td>3B</td><td colspan="2">1 个</td><td>3BP</td><td>5 个</td></tr>
<tr><td colspan="2">平均占地面积</td><td colspan="3">668.79m^2</td><td colspan="3">782.71m^2</td><td>691.57m^2</td></tr>
<tr><td colspan="2">平均室外院落面积</td><td colspan="3">303.64m^2</td><td colspan="3">482.34m^2</td><td>339.38m^2</td></tr>
<tr><td colspan="2">平均室外院落占地率</td><td colspan="3">45%</td><td colspan="3">62%</td><td>48%</td></tr>
</table>

院落类型模式图

1.3.3 院落进数和对称性的类型及特征

中国北方传统住宅院落按照进深的院落个数，通常分为一进院、二进院和多进院。壁景堡内住宅院落最多为三进院落，因此按照院落进数以及院落对称性和是否有偏院的要素，将壁景堡内 58 个住宅院落分为以下 7 个类型。

其中一进院落包括三个类型，一进非对称型（以下称 1A）、一进对称型（以下称 1B）以及一进对称加偏院型（以下称 1BP）。1A 型院落共有 9 个院落，占一进院落总数的 28%。1B 型院落共 16 个，占一进院落总数的 50%，是一进院落中最为突出的类型。1BP 型院落共有 7 个，偏院的面积由建设用地的实际情况而定，是一进院落中最少的类型。

二进住宅院落中可以分为两个类型，二进对称型（以下称 2B）与二进对称加偏院型（以下称 2BP 型）。与一进院相比，二进与三进院落没有不对称布局类型，由此可见，二、三进院的规制较一进院落高，建设状况也比一进院落严谨。2B 型院落共 11 个，2BP 型院落共 10 个，

这两个类型的院落数量相当。

三进院落在壁景堡内总共只有 5 个，从个数上来看，只占总院落数的 9%，是最少的院落类型。将其分为两个类型，三进对称型（以下称 3B）和三进对称加偏院型（以下称 3BP）。3B 型院落共有 4 处，分别为 E11、E19、M16、M18 院落，占三进院落总数的 80%；3BP 型院落只有一处，即 M27。该院也是壁景堡内唯一一个占地贯穿两堡的院落，院落入口位于中壁景堡路西侧，院落最深处建筑的后墙即为西壁景堡路墙面。

从院落进数因素来看，壁景堡内一进院落所占比例最高，为 55.17%。三进院落个数最少，只占总数的 8.62%。因此壁景堡内住宅院落具有进数少、建设规制低的特征。1A 型院落是壁景堡内唯一一类非对称型院落布局，从数量上看，堡内对称型布局的住宅院数占到总数的 84%。说明壁景堡内住宅院落符合中国北方传统住宅院落的对称布局特征。其次，带有偏院的住宅院落（1BP、2BP、3BP）共有 18 个。不带偏院的住宅院落共 40 个，占总量的 69%，因此壁景堡的住宅具有多不带偏院的配置特征。

屋顶雕塑

1.3.4 院落位置及占地面积规模的类型及特征

按照住宅院落所在位置及占地面积规模，可以将其分为东壁景堡住宅院落（大型）、中壁景堡住宅院落（小型）、西壁景堡住宅院落（中型）3个类型。从各堡内住宅院落个数及占地面积因素来看，东壁景堡内的住宅院落平均占地面积最大，为693.4m^2；而院落数是10个，是三个堡中最少的；院落主轴方向以南北走向为主，共8个，占该堡总数的80%，符合北方传统住宅南北走向的特征。实地调查中，对当地居民的采访中发现，东壁景堡建设之始为有钱的大户人家所建，因此各住宅院落规模最大。中壁景堡的住宅院落个数为26个，是三个堡中最多的；院落平均占地面积为326.3m^2，是三个堡里最小的；院落主轴方向以东西向为多，共19个，占中壁景堡的73%。因此具有建设规模小，建设规制低的特征。西壁景堡的住宅院落个数为22个，院落平均占地面积为388.3m^2，均介于其他两堡之间。从各堡北端的观音庙公共空间的建设规模来看，东壁景堡的庙区建设规模最大，中壁景堡的最小。

以上可以看出，三个堡的住宅院落具有平均建设规模各不相同的特征。由高到低分别是东、西、中。而院落主轴方向在平均占地面积最大的东壁景堡院落中具有南北朝向为主的特征；在平均占地面积最小的中壁景堡院落中以东西朝向为主。这种建设模式有意识地将居民按照资产能力的不同划分开来，形成于各自不同的社区，说明壁景堡建设之初已经具有建设规模的分区规划意识。

民居屋顶与城墙

1.3.5 院落空间长短轴比例的类型及特征

院落空间长轴与短轴的比值是分析院落布局形态特征的重要参数。壁景堡内院落空间的长短轴比值最小的是 1（即正方形，M2），最大的是 4.33（M16）。从院落空间长短轴比值的因素来看，将壁景堡内住宅院落分为以下 3 个类型。

短小型（长短轴比值＜ 1.5）：这类型院落有 20 个，院落空间占地形态近似于正方形。其中除 M11、M15、W4 这 3 个二进院落外，均为一进院落。短小型院落中，一进院落所占比例为 85%。

中长型（1.5 ≤长短轴比值≤ 2.5）：这类型院落有 29 个，是三个类型中所占比例最高（占总量的 50%），其中一进院 15 个，二进院 12 个，三进院 2 个，该类型以一进和二进院为主。

狭长型（长短轴比值＞ 2.5）：这类型院落有 9 个，是三个类型中比例最少的，分别是 M8、M10、M13、M16、M18、M27、M22、W2、W19，其中二进院 6 个，三进院 3 个，没有一进院落。长短轴比例超过 3 的全部为三进院落。

壁景堡住宅院落的长短轴比平均值为 1.85，较北方地区传统住宅而言，明显呈瘦长型布局特征。这种布局特征主要是为了适应当地气候特征，避免正房被风沙直接吹拂，两侧厢房向院落中央靠近，部分遮挡正房，由此室外院落空间构成呈狭长布局特征。

从住宅院落长短轴比与室外空间占地率的关系图来看，随住宅院落的长短轴比值增加，室外院落空间占地率具有略微减少的特征。而从住宅院落进数和平均院落室外空间占地率的关系图来看，具有随住宅院落进数的增加，平均院落室外空间占地率有所下降的特征。由此也进一步说明壁景堡的建设规制较低。

此外，壁景堡内各住宅院落空间也是生活交流空间的重要组成部分。根据实地调查采访过程的观察，一些诸如邻里间的长谈、麻将、扑克等多人游戏等较为私密的生活交流行为多发生在住宅院落空间中。在非常时期，如婚庆、葬仪、庆典、祭日等聚集性活动也都在院落空

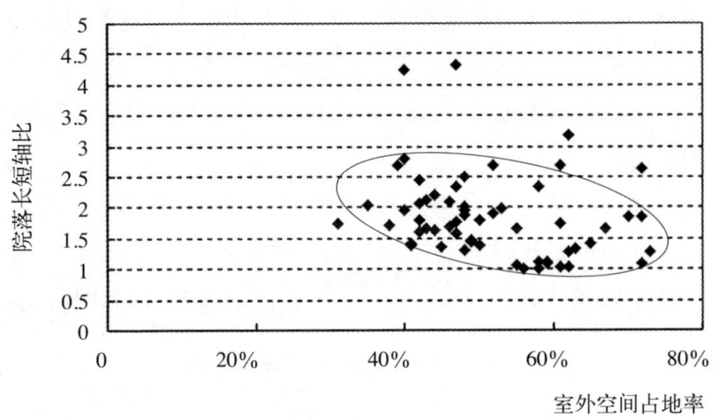

室外空间占地率与院落总面积

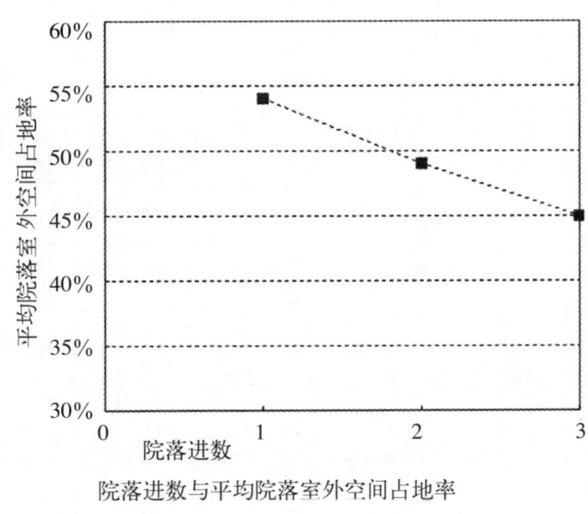

院落进数与平均院落室外空间占地率

间举行。在自己院落空间不满足要求的时候、还会借用邻院空间进行聚会活动。因此，院落空间的使用状况也具有灵活性特征。另外，儿童室外游戏行为出于安全性因素，多被家长要求在各住宅院落或是邻居院落空间内进行，有利于家长的监护。

院落入口多直接设置在堡主路两侧，以中央和右侧为主。入口配置灵活。非南侧入口的院落比例较高，与中国北方传统以南侧左入口的住宅营造模式有较大区别。院落具有平均进数少，建设规制低的特征。

院落对称性较强，且多不带偏院，符合中国北方传统住宅营造的一般特征。

三个堡内住宅院落的建设规模从高到低分别为东、西、中，这种建设形式说明始建时有较强的分区规划特征。

住宅院落占地面积越大，院落南北主轴方向的比例越高；反之，

壁景堡内各院落现状调查一览表

No.	院落名称	院落占地面积（m²）	院内建筑面积（m²）	院内室外空间面积（m²）	室外空间占地率（%）	院落长轴长度（m）	院落短轴长度（m）	院落空间长短轴比值	院落进数	院落对称性
1	E1	598.41	250.13	348.28	42%	34.48	16.79	2.054	2	B
2	E2	414.29	227.21	187.08	55%	20.96	19.76	1.061	1	BP
3	E3	789.34	419.81	369.53	53%	39.45	20.01	1.972	2	BP
4	E4	786.82	327.68	459.14	42%	37.53	20.96	1.791	2	BP
5	E8	733.68	314.39	419.29	43%	34.99	20.96	1.669	2	BP
6	E9	232.45	87.75	144.70	38%	20.01	11.62	1.722	1	B
7	E10	834.57	430.06	404.51	52%	39.81	20.97	1.898	2	BP
8	E11	939.22	437.51	501.71	47%	46.94	20.01	2.346	3	B
9	E19	842.72	390.50	452.22	46%	42.12	20.01	2.105	3	B
10	E22	762.10	463.08	299.02	61%	36.35	20.97	1.733	2	BP
11	M1	312.03	129.09	182.94	41%	20.76	15.03	1.381	1	B
12	M2	533.79	307.61	226.18	58%	23.65	23.55	1.004	1	A
13	M3	329.07	156.66	172.41	48%	20.76	15.85	1.31	1	B
14	M4	394.88	287.15	107.73	73%	23.65	18.55	1.275	1	A
15	M5	336.44	208.97	127.47	62%	20.76	16.21	1.281	1	BP
16	M6	207.95	100.77	107.18	48%	20.43	10.18	2.007	1	B
17	M7	268.61	113.83	154.78	42%	20.76	12.94	1.604	1	B
18	M8	291.59	112.51	179.08	39%	27.96	10.43	2.681	2	B
19	M9	184.36	107.85	76.51	58%	20.76	8.88	2.338	1	A
20	M10	279.85	111.48	168.37	40%	27.96	10.01	2.793	2	B
21	M11	307.00	126.52	180.48	41%	20.76	14.79	1.404	2	BP
22	M12	307.15	138.14	169.01	45%	20.43	15.03	1.359	1	BP
23	M13	334.88	204.92	129.96	61%	29.96	11.17	2.682	2	BP
24	M15	336.22	166.02	170.20	49%	23.07	15.87	1.454	2	B
25	M16	441.48	207.40	234.08	47%	43.71	10.1	4.328	3	B
26	M18	451.72	179.14	272.58	40%	43.71	10.33	4.231	3	B
27	M19	493.65	355.83	137.82	72%	23.07	21.39	1.079	1	BP
28	M22	158.47	113.53	44.94	72%	20.43	7.75	2.636	2	B
29	M23	249.62	107.49	142.13	43%	23.07	10.82	2.132	1	B

续表

No.	院落名称	院落占地面积（m²）	院内建筑面积（m²）	院内室外空间面积（m²）	室外空间占地率（%）	院落长轴长度（m）	院落短轴长度（m）	院落空间长短轴比值	院落进数	院落对称性
30	M24	239.13	73.15	165.98	31%	20.43	11.7	1.746	1	B
31	M25	378.36	245.69	132.67	65%	23.06	16.41	1.405	1	BP
32	M26	212.58	84.05	128.53	40%	20.43	10.4	1.964	1	B
33	M27	782.71	482.34	300.37	62%	49.94	15.67	3.187	3	BP
34	M28	189.64	84.28	105.36	44%	20.43	9.28	2.202	1	B
35	M29	256.45	121.79	134.66	47%	20.17	12.71	1.587	1	B
36	M30	206.05	71.29	134.76	35%	20.43	10.08	2.027	1	B
37	W1	271.39	151.68	119.71	56%	16.62	16.32	1.018	1	A
38	W2	339.95	162.65	177.30	48%	29.18	11.65	2.505	2	B
39	W3	269.32	164.18	105.14	61%	16.63	16.19	1.027	1	B
40	W4	618.04	311.64	306.40	50%	29.18	21.18	1.378	2	B
41	W6	515.18	347.06	168.12	67%	28.73	17.4	1.651	1	A
42	W7	248.80	144.81	103.99	58%	16.63	14.96	1.112	1	A
43	W8	338.51	140.88	197.63	42%	28.73	11.78	2.439	2	B
44	W9	283.23	176.41	106.82	62%	17.03	16.62	1.025	1	A
45	W10	230.17	135.04	95.13	59%	16.07	14.32	1.122	1	A
46	W11	490.65	230.57	260.08	47%	29.51	16.63	1.775	1	B
47	W12	187.77	110.99	76.78	59%	14.32	13.11	1.092	1	A
48	W14	297.09	187.73	109.36	63%	19.98	14.87	1.344	1	B
49	W15	253.41	125.43	127.98	49%	19.37	13.08	1.481	1	BP
50	W16	495.31	270.41	224.90	55%	28.54	17.35	1.645	2	BP
51	W17	372.27	177.89	194.38	48%	27.79	14.29	1.945	2	BP
52	W19	383.62	199.47	184.15	52%	32.16	11.93	2.696	2	B
53	W20	720.57	517.33	203.24	72%	49.57	26.87	1.845	1	BP
54	W21	450.14	215.25	234.89	48%	29.14	15.44	1.887	2	BP
55	W22	401.05	199.80	201.25	50%	26.87	14.92	1.801	1	B
56	W25	444.04	202.33	241.71	46%	27.37	16.22	1.687	2	B
57	W26	476.96	335.73	141.23	70%	29.76	16.02	1.858	1	B
58	W27	456.21	200.38	255.83	44%	27.37	16.66	1.643	2	B

东西主轴方向的比例就随之增加。符合传统住宅南北主轴方向级别高，东西主轴方向级别低的营造特征。

由于当地气候原因，平遥壁景堡住宅院落空间布局明显具有狭长形态特征。随住宅院落的长短轴比例和院落进数的增加，室外空间占地率呈减少的特征。

作为今后的研究课题，还将对传统生活空间利用行为的评价和特征以及公共开放空间和住宅聚落的关系及特征进行研究。

民居屋顶剪影

谢辞

本文撰稿过程中，得到了日本国立千叶大学章俊华教授的亲切指导和宝贵意见。同时衷心感谢日本国立千叶大学田代顺孝教授、赤坂信教授、山内正平教授在本文写作过程中给予的亲切指导。

参考文献

[1] 萧桐．礼制对建筑文化的影响．建筑业漫谈，1994：46-48.

[2] 裴梅琴，巩致平．韵珍寓易，平遥龟城八卦街．解放军文艺出版社，2003.

[3] 路春艳．探美平遥古城，品味城市文化．城乡建设，2003：48-49.

[4] 史忠新．世界名城平遥要览．平遥县旅游办公室（内部出版），1998.

[5] 宋昆．平遥古城与民居．天津：天津大学出版社，2000.

[6] 李苏平等．平遥县志．北京：中华书局，1999.

[7] 郑孝燮，任致远．山西平遥考察研究报告．城市发展研究，1996：16-19.

[8] 郭治明，赵强．建筑形态·传统文化·建筑文化——浅谈山西传统民居的特征与风格．华中建筑，2000：109-114.

[9] 马杨悦．浅谈平遥古城民居的保护改造．山西建筑，2004：2-3.

[10] 刘家明，陶伟，郭英之．传统民居旅游开发研究——以平遥古城为案例．地理研究（GEOGRAPHICAL RESEARCH），2006：264-270.

[11] 张松．历史城镇保护的目的与方法初探——以世界文化遗产平遥古城为例．城市规划，1999.

[12] 张玉坤，宋昆．山西平遥的“堡”与里坊制度的探析．建筑学报，1996：50-54.

[13] 卢怀志．风水与建筑——以平遥古城为例．四川建筑，2004：37-39.

[14] 田村广子．中国の歴史的都市住宅における風水装置の利用——山西省平遥県を事例に，1997：25-28.

[15] 杨志刚．中国礼仪制度研究．华东师范大学出版社，2001.

[16] 彭林．中国古代礼仪文明．北京：中华书局，2004.

[17] 戴吾三．考工记图说．济南：山东画报出版社，2003.

[18] 余敦康．中国宗教与中国文化（卷二）．北京：中国社会科学出版社，

2005：93-94.
[19] 贺业钜．中国古代城市规划史．北京：中国建筑工业出版社，1996：208.
[20] 杨宽．中国古代都城制度史研究．上海：上海古籍出版社，1993.
[21] 冯霞．儒家思想对中国古代建筑的影响．工程建筑与设计，2001:37-39.
[22] 周南ら．中国における「非一明両暗」型四合院に関する研究．日本建築学会計画系論文集，1999：181-188.
[23] 辺宝蓮．平遥古城保護与発展的実践和探索 城市発展研究，1998(06).
[24] 高杰，章俊华，戴菲．从中国礼制文化看平遥古城空间构成及特征，风景研究论文集，2007：385-391.
[25] 韦峰，王鲁民．从中国的聚落形态演进看里坊的产生．城市规划汇刊，2002(02).

敌楼

2 上海原租界公园空间变迁研究

张　安

1943 最新大上海市街地图（松江房造，日本堂书店）

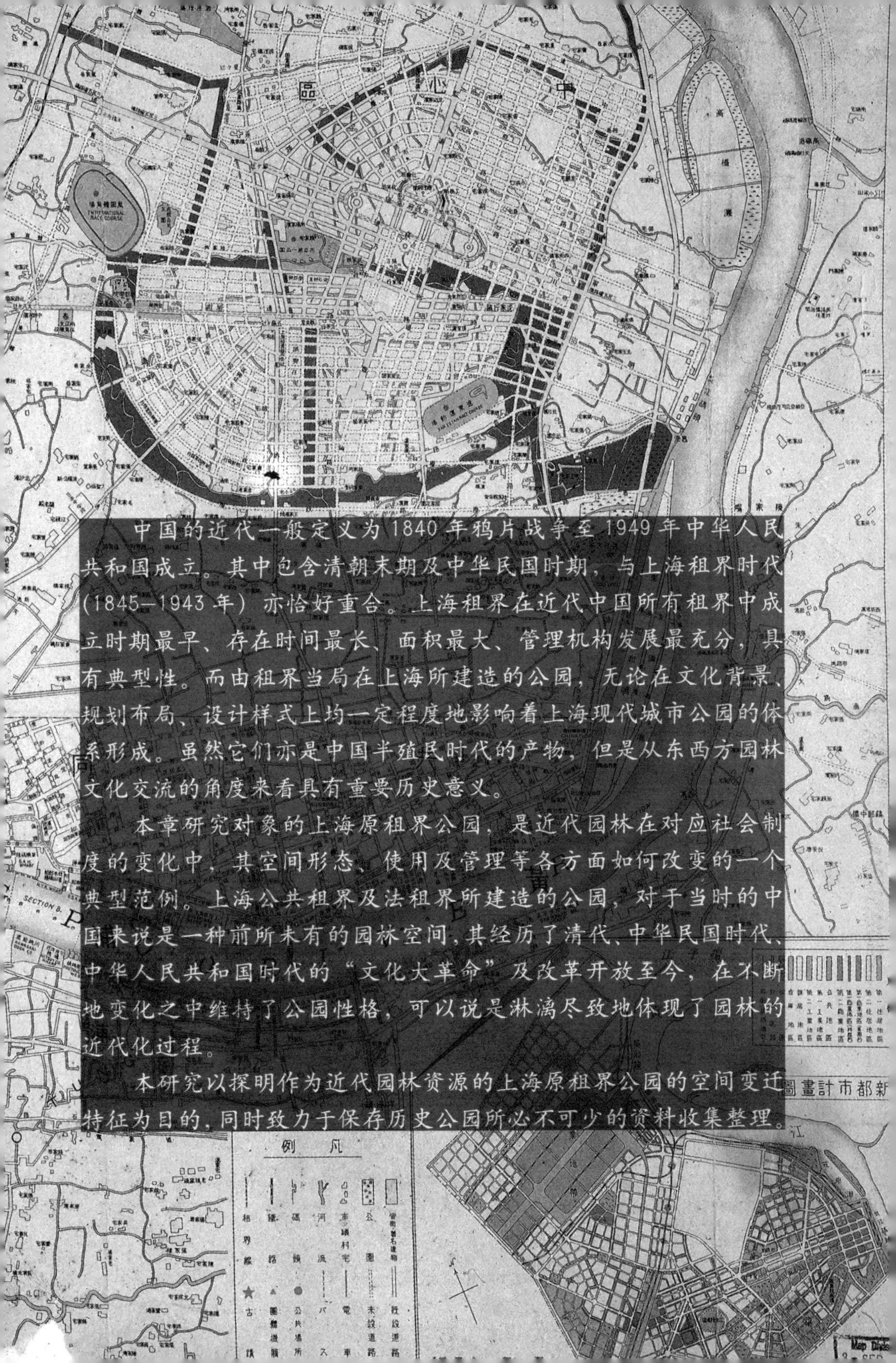

中国的近代一般定义为1840年鸦片战争至1949年中华人民共和国成立。其中包含清朝末期及中华民国时期，与上海租界时代(1845–1943年）亦恰好重合。上海租界在近代中国所有租界中成立时期最早、存在时间最长、面积最大、管理机构发展最充分，具有典型性。而由租界当局在上海所建造的公园，无论在文化背景、规划布局、设计样式上均一定程度地影响着上海现代城市公园的体系形成。虽然它们亦是中国半殖民时代的产物，但是从东西方园林文化交流的角度来看具有重要历史意义。

本章研究对象的上海原租界公园，是近代园林在对应社会制度的变化中，其空间形态、使用及管理等各方面如何改变的一个典型范例。上海公共租界及法租界所建造的公园，对于当时的中国来说是一种前所未有的园林空间，其经历了清代、中华民国时代、中华人民共和国时代的“文化大革命”及改革开放至今，在不断地变化之中维持了公园性格，可以说是淋漓尽致地体现了园林的近代化过程。

本研究以探明作为近代园林资源的上海原租界公园的空间变迁特征为目的，同时致力于保存历史公园所必不可少的资料收集整理。

2.1 上海租界公园变迁（1845～1943 年）*

2.1.1 上海租界概况

1845 年英商在上海设立了中国的第一块居留地，由此拉开了百年上海租界时代的序幕。此后，美国与法国分别设立了本国租界，1863 年英美租界合并为公共租界，而法租界于 1869 年独立。两租界通过区域扩张及越界筑路，控制了除上海老城以外的大半市区。1943 年英美等国相继放弃了在华的治外法权，租界时代就此结束。

上海租界形成、扩张年表　　表 2-1-1

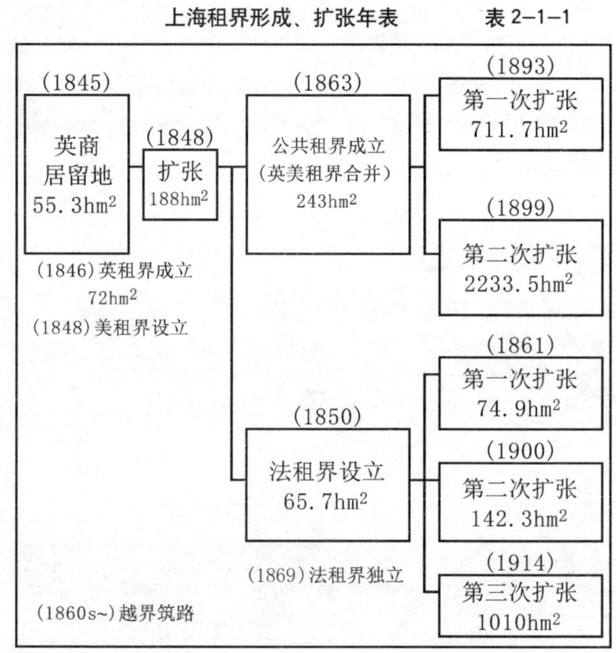

* 本节的研究时期为租界时代，所以称为租界公园。后文参考文献等中出现的“租界公园”等同于“原租界公园”。

2.1.2 租界公园变迁

(1) 租界公园概况

租界当局于1868年开设了上海第一座城市公园——公共花园(Public Garden、现黄浦公园广场)。20世纪初，租界当局又在租界外相继建成虹口娱乐场(Hongkew Recreation Ground、现鲁迅公园)、顾家宅公园(Koukaza Park、现复兴公园)、极司非而公园(Jessfield Park、现中山公园)等大型公园，它们与租界内的公园都由租界当局所管理，统称为租界公园。

上海租界公园概况一览表（1）　　表2–1–2

	编号	存在时期	公园名称	
			中文	外文
公共租界	①	1868~	公共花园	Public Garden
	②	1872~1964	预备花园	Reserve Garden
	③	1890~1963	新国际花园	New Public Garden
	④	1898~	虹口公园	Hongkew Park
	⑤	1906~	虹口娱乐场	Hongkew Recreation Ground
	⑥	1911~1950	汇山公园	Wayside Park
	⑦	1914~	极司非而公园	Jessfield Park
	⑧	1916~1927	周家嘴公园	Point Garden
	⑨	1917~	斯塔德利公园	Studley Park
	⑩	1917~1933	地丰路儿童游戏场	Tifeng Road Children's Playground
	⑪	1922~1985	南阳路儿童游戏场	Nanyang Road Children's Playground
	⑫	（拟建）	乔敦公园	-
	⑬	1931~1934	新加坡公园	Singapore Park
	⑭	1934~1937	广信路游戏中心	Kwanghsin Road Playing Centre
	⑮	1934~1938	人华路游戏中心	Majestic Road Playing Centre
	⑯	1934~1960	胶州公园	Kiaochow Park
	⑰	1936~1939	静安寺路儿童游戏场	Bubbling Well Road Children's Playground
法租界	Ⓐ	1909~	顾家宅公园	Koukaza Park
	Ⓑ	1917~1924	凡尔登公共花园	Joffre Road Public Garden
	Ⓒ	1924~1975	宝昌公园	Paul Brunat Park
	Ⓓ	1926~	贝当公园	Pétain Park
	Ⓔ	1939~1942	凡尔登广场	Verdun Square
	Ⓕ	1942~	兰维纳公园	Yves Ravinel Square

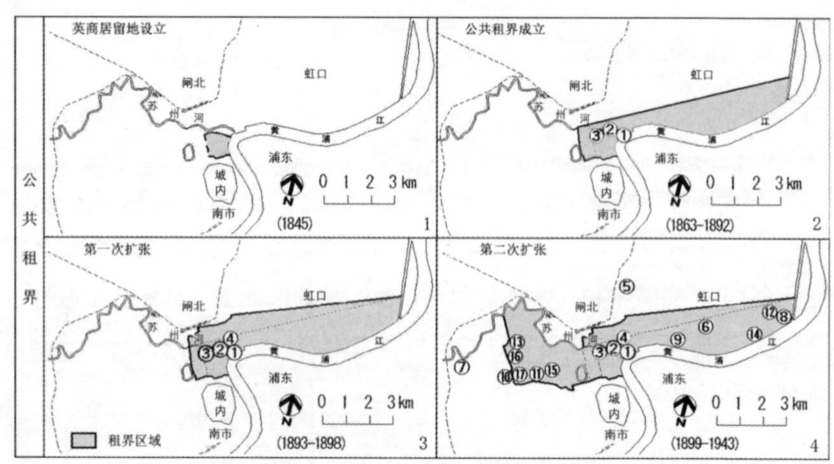

图 2-1-1　公共租界扩张与公园分布变迁图

上海租界公园概况一览表（2）　　　　表 2-1-4

	编号	公园名称	面积（hm²）		公园类型（备注）
			开设	增减（年度）	
公共租界	①	公共花园	2.03	1.87(1922)	一般
	②	预备花园	0.28	–	一般兼苗圃→儿童(1931)
	③	新国际花园	0.41	0.38(1941)	一般（对中国人开放）
	④	虹口公园	0.69	0.63(1935)	一般→儿童(1909)
	⑤	虹口娱乐场	16.73	19.95(1922)	运动兼风景式
	⑥	汇山公园	2.44	–	运动
	⑦	极司非而公园	8.2	19.24(1915-25)	综合（风景植物园）
	⑧	周家嘴公园	0.26	–	一般
	⑨	斯塔德利公园	0.37	–	儿童
	⑩	地丰路儿童游戏场	0.47	0.33(1930)	儿童
	⑪	南阳路儿童游戏场	0.37	–	儿童
	⑫	乔敦公园	1.31	–	–
	⑬	新加坡公园	0.17	–	儿童
	⑭	广信路游戏中心	–	–	儿童
	⑮	大华路游戏中心	–	–	儿童
	⑯	胶州公园	3.07	–	运动
	⑰	静安寺路儿童游戏场	–	–	儿童
法租界	Ⓐ	顾家宅公园	9.08	10(1924)	综合
	Ⓑ	凡尔登公共花园	4.13	3.53(1923)	一般（纪念兼运动）
	Ⓒ	宝昌公园	0.25	–	儿童
	Ⓓ	贝当公园	1.73	–	一般（纪念）
	Ⓔ	凡尔登广场	0.8	–	一般（纪念）
	Ⓕ	兰维纳公园	2.35	–	一般（纪念）

上海租界公园变迁一览表

表 2-1-3

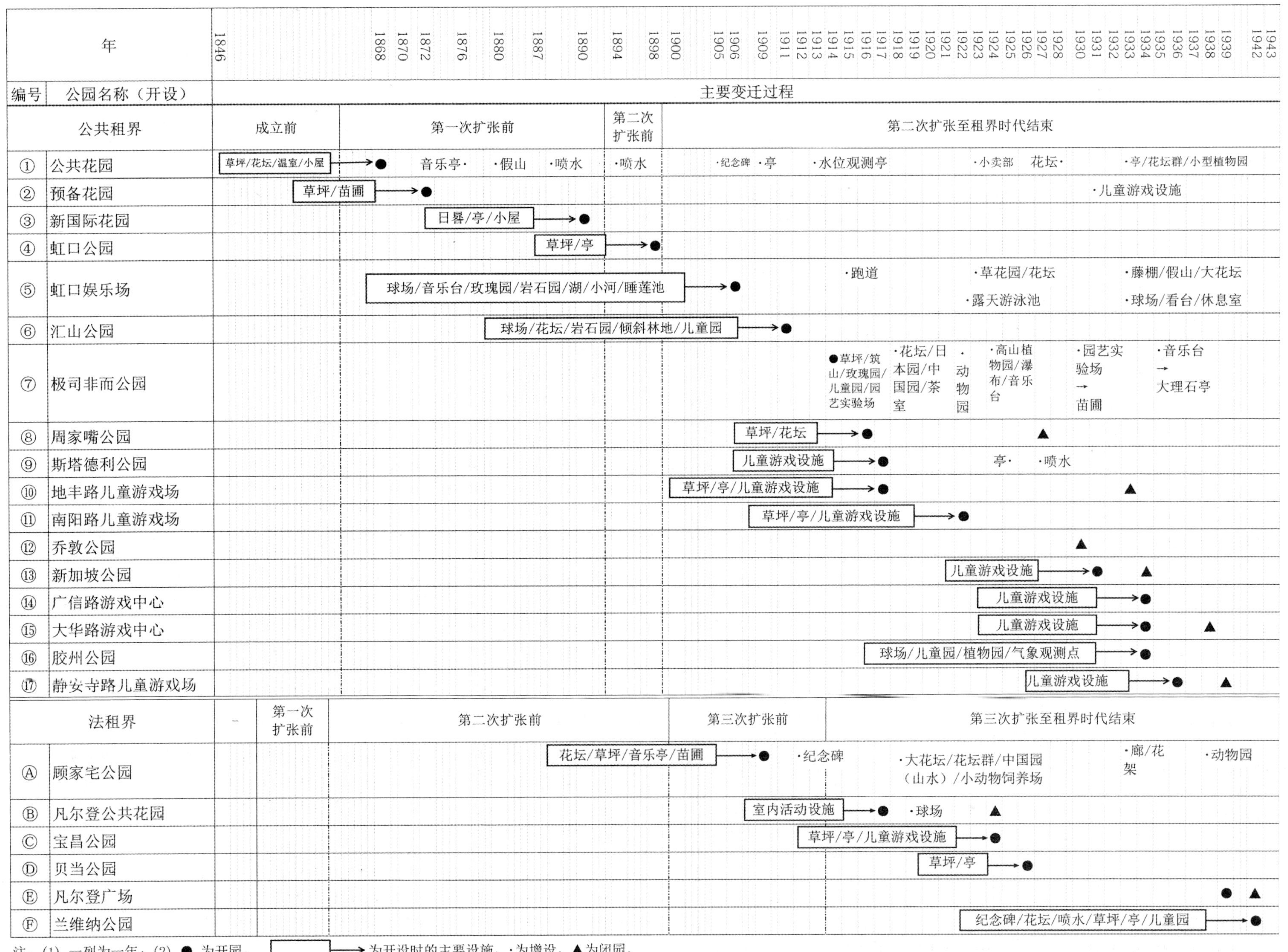

年：1846、1868、1870、1872、1876、1880、1887、1890、1894、1898、1900、1905、1906、1909、1911、1912、1913、1914、1915、1916、1917、1918、1919、1920、1921、1922、1923、1924、1925、1926、1927、1928、1930、1931、1932、1933、1934、1935、1936、1937、1938、1939、1942、1943

编号	公园名称（开设）	成立前	第一次扩张前	第二次扩张前	第二次扩张至租界时代结束
公共租界					
①	公共花园	草坪/花坛/温室/小屋 →	● 音乐亭· ·假山 ·喷水	·喷水	·纪念碑 ·亭 ·水位观测亭 ·小卖部 花坛· ·亭/花坛群/小型植物园
②	预备花园	草坪/苗圃 →	●		·儿童游戏设施
③	新国际花园		日晷/亭/小屋 → ●		
④	虹口公园		草坪/亭 →	●	
⑤	虹口娱乐场		球场/音乐台/玫瑰园/岩石园/湖/小河/睡莲池 →		● ·跑道 ·草花园/花坛 ·露天游泳池 ·藤棚/假山/大花坛 ·球场/看台/休息室
⑥	汇山公园		球场/花坛/岩石园/倾斜林地/儿童园 →		●
⑦	极司非而公园				●草坪/筑山/玫瑰园/儿童园/园艺实验场 ·花坛/日本园/中国园/茶室 ·动物园 ·高山植物园/瀑布/音乐台 ·园艺实验场→苗圃 ·音乐台→大理石亭
⑧	周家嘴公园				草坪/花坛 → ● ▲
⑨	斯塔德利公园				儿童游戏设施 → ● 亭· ·喷水
⑩	地丰路儿童游戏场				草坪/亭/儿童游戏设施 → ● ▲
⑪	南阳路儿童游戏场				草坪/亭/儿童游戏设施 → ●
⑫	乔敦公园				▲
⑬	新加坡公园				儿童游戏设施 → ● ▲
⑭	广信路游戏中心				儿童游戏设施 → ●
⑮	大华路游戏中心				儿童游戏设施 → ● ▲
⑯	胶州公园				球场/儿童园/植物园/气象观测点 → ●
⑰	静安寺路儿童游戏场				儿童游戏设施 → ● ▲

编号	公园名称（开设）	—	第一次扩张前	第二次扩张前	第三次扩张前	第三次扩张至租界时代结束
法租界						
Ⓐ	顾家宅公园			花坛/草坪/音乐亭/苗圃 →	● ·纪念碑	·大花坛/花坛群/中国园（山水）/小动物饲养场 ·廊/花架 ·动物园
Ⓑ	凡尔登公共花园				室内活动设施 →	● ·球场 ▲
Ⓒ	宝昌公园				草坪/亭/儿童游戏设施 →	●
Ⓓ	贝当公园					草坪/亭 → ●
Ⓔ	凡尔登广场					● ▲
Ⓕ	兰维纳公园					纪念碑/花坛/喷水/草坪/亭/儿童园 → ●

注：(1) 一列为一年；(2) ● 为开园，[框] → 为开设时的主要设施，·为增设，▲为闭园。

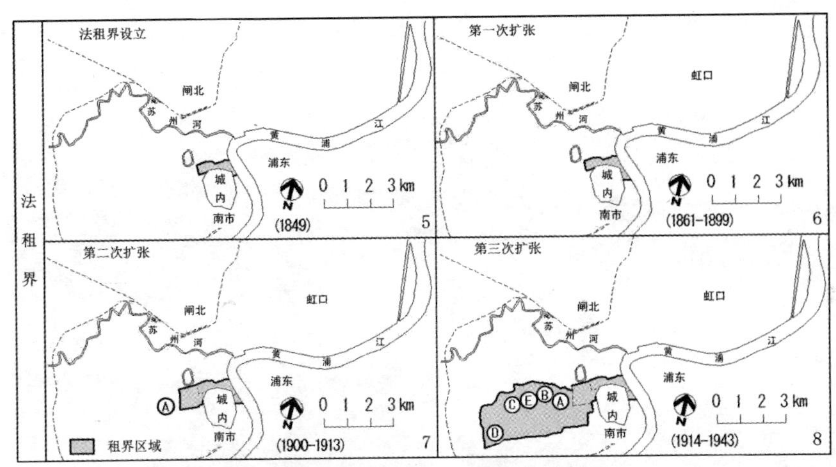

图 2-1-2 法租界扩张与公园分布变迁图

上海租界公园概况一览表（3） 表 2-1-5

规划立地				建园投资
位置（租界）	用地性质	土地所有权	周边环境（1932年）	
苏州河口（英租界）	滩地	清政府	港口设施 & 公共建筑、银行与事务所	TRF & SMC
苏州河南岸（英租界）	滩地	清政府		TRF & SMC
苏州河南岸（英租界）	滩地	SMC & 清政府		SMC
昆山路（美租界）	空地	SMC	商业用地 & 居住用地	SMC
虹口（境外）	射击场	SMC	居住用地 & 零售商业用地	TRF & SMC
汇山路（美租界）	空地	SMC	工业用地	SMC
极司非而路（境外）	兆丰花园（别墅）	SMC	居住用地 & 零售商业用地	TRF & SMC
周家嘴（美租界）	空地	民间企业	工业用地	SMC
汇山路（美租界）	民间儿童游戏场	SMC	工业用地	SMC
地丰路（境界）	学校建筑用地	SMC	居住用地 & 零售商业用地	SMC
南阳路（英租界）	空地	SMC	居住用地 & 零售商业用地	SMC
波阳路（美租界）	空地	SMC	工业用地	SMC
新加坡路（英租界）	学校建筑用地	SMC	居住用地 & 零售商业用地	SMC
广信路（美租界）	空地	民间企业	工业用地	SMC
大华路（英租界）	空地	民间企业	居住用地 & 零售商业用地	SMC
胶州路（英租界）	空地	SMC	居住用地 & 零售商业用地	SMC
静安寺路（英租界）	空地	SMC	居住用地 & 零售商业用地	SMC
顾家宅（境外）	兵营	MF	商业用地 & 居住用地	MF
霞飞路（法租界）	德国俱乐部	MF	商业用地 & 居住用地	MF
霞飞路（法租界）	空地	MF	商业用地 & 居住用地	MF
贝当路、霞飞路（法租界）	空地	MF	商业用地 & 居住用地	MF
霞飞路（法租界）	花园	MF	商业用地 & 居住用地	MF
霞飞路（法租界）	建筑用地	MF	商业用地 & 居住用地	MF

注：SMC，上海公共租界工部局。 MF，上海法租界公董局。 TRF，上海公共娱乐场基金会。

图 2-1-3　1870 年代公共花园（上海市档案馆藏）

图 2-1-4　1880 年代公共花园手绘
（点石斋画报）

图 2-1-5　1918 年公共花园
（明信片，笔者收藏）

图 2-1-6　1920 年代公共花园
（上海市档案馆藏）

图 2-1-7　1930 年代公共花园
（明信片，笔者收藏）

图 2-1-8　1940 年代公共花园
（明信片，笔者收藏）

图 2-1-9　1960 年代黄浦公园
（上海市档案馆藏）

图 2-1-10　公共花园早期木质音乐亭
（上海市档案馆藏）

图 2-1-11　公共花园音乐亭
（上海市档案馆藏）

图 2-1-12　1930 年代公共花园中部
（明信片，笔者收藏）

图 2-1-13　1930 年代公共花园北部
（明信片，笔者收藏）

图 2-1-14　公共花园圆形喷水池
（明信片，笔者收藏）

图 2-1-15　公共花园丘比特喷水池
（上海市档案馆藏）

(2) 租界公园变迁特征

在公园的设施建设上，公共租界经历了由初始的基础设施转变为通过规划分区的设施配置以及伴随着改扩建的设施增设，最后至儿童游戏设施的变迁过程；而法租界经历了通过规划分区的设施配置以及伴随着改扩建的设施增设，最后至儿童游戏设施的变迁过程。

租界时代的公园配置可以说是源于租界的产生与扩张，其主体是租界行政机构，具有规划性。在公园的地理位置上由租界发源地外滩发展至租界的扩张以及越界区域。在规模上，呈小型至大型、中小型公园的特征。在功能上，呈一般公园至综合公园、儿童公园的特征。在分布上，呈点状分布至线形、分散性面状分布趋势。租界公园的形成、发展与衰退可以说是租界的一个缩影，另一方面也可以看作是外国侨民将本国的生活方式移植在异国他乡，其后逐渐本土化的一个过程。

2.2 鲁迅公园的空间变迁

2.2.1 研究背景、意义与目的

鲁迅公园，1906 年诞生于中国近代公园的发祥地——上海。它是中国第一个体育公园，同时亦是中华人民共和国成立后经改建的上海第一个纪念性文化休息公园，也是至今保留下来的上海最大的原租界公园，在中国公园史中占有重要地位。

鲁迅公园经历了以清代租界公园为起源、民国时代的改扩建、中华人民共和国阶段的改造这一过程变迁至今，历史已有百年以上。由此可以说要理解上海以至于中国近代、现代公园的发展历程，对于鲁迅公园的空间变迁的研究是必不可少的。

鲁迅公园的相关研究，多集中在其形成过程（王绍增，1982；柳五郎，1985）、公园沿革（花以友主编，1995；张士心，1996；张志恩，1996）等方面。此外，上海市地方志中也有相关记叙，但都是只停留在概论阶段，未有针对其空间构造在近代化、现代化过程中所产生的变化所作的研究。本研究以探明上海鲁迅公园空间构成的变迁过程及其特征为研究目的。

2.2.2 研究方法

（1）调查方法

主要通过收集整理鲁迅公园相关既往研究论文、调查报告、历史文献、平面图及照片等的基础上，于 2006 年 8 月、2007 年 2 月两次走访上海市档案馆，查阅了《上海公共租界工部局年报》（Annual Report of the Shanghai Municipal Council），同时踏查了公园现状。此外，就中华人民共和国成立后的公园改建情况，采访了原市级公园管理负责人。

（2）研究方法

在以上调查结果的基础上，本研究将 6 张公园平面图作为主要的研究对象资料，即（表 2-2-1，图 Ⅰ ～图Ⅵ）：

图Ⅰ：清代初期设计平面图（1903年）

图Ⅱ：清代修改实施平面图（1905年）

图Ⅲ：中华民国前阶段平面图（1922年）

图Ⅳ：中华民国后阶段平面图（1942年）

图Ⅴ：1949 ~ 1966年平面图（1965年）

图Ⅵ：1966年后平面图（1985年）

将公园的空间构成变迁按照上述6个阶段，从平面图中抽出“山形水系”、“设施”、“园路”、“分区”这4种构成要素，结合文献资料对各阶段的空间变迁及其特征进行了考察。

2.2.3 鲁迅公园概况与时代背景

1840年鸦片战争以后，租界在上海形成。其后，公共租界当局将“公园”这种新的园林形式引进上海。清光绪二十二年（1896年）租界工部局在虹口购地建造的靶场就是今日鲁迅公园的雏形。1901年租界当局筹建运动公园，2年后由英国园林专家斯德克主持了最初的方案设计（表2-2-1，图Ⅰ）。1905年工部局园地监督麦格雷戈在原方案的基础上修改并深化为实施图（表2-2-1，图Ⅱ），当年施工，1909年全面建成开放时称虹口娱乐场（Hongkew Recreation Ground）。

1912年中华民国成立以后，租界公园仍旧处于租界行政的管理之下。1915年增建跑道后，两届远东运动会都在此地得以举行。1922年扩建西北角园地，增设露天游泳池，开创了中国公园内建造游泳池的先例。同年更名为虹口公园（表2-2-1，图Ⅲ）。1928年对华人开放后，1933年再度扩建东北角园地以增设运动场地。1943年租界返还后，公园由中华民国上海市政府工务局接管（表2-2-1，图Ⅳ）。

1949年中华人民共和国成立以后，公园由上海市园林管理部门接管。随着1951年虹口体育场的建成以及园内游泳池的分离，1956~1960年公园经过了2次改扩建、采用的是上海市园林管理处（吴振千与柳绿华）与规划建设管理局（上海市民用建筑设计院，陈植与汪定曾）的共同设计案。将鲁迅墓迁入园内并建成鲁迅纪念馆，挖

鲁迅公园概况与时代背景　　表 2–2–1

时代		阶段	鲁迅公园概要（●）与时代背景（■）	平面图
租界时代（1845 - 1943）	清朝（1644 ~ 1912）	I（1901 ~ 1903）	■（1845）上海英商居留地设立 ■（1863）英、美租界合并为公共租界 ●（1901）运动公园的筹划 ●（1903）英国风景园林专家斯德克（W.Lnnes Stuckey）初期设计	图 I 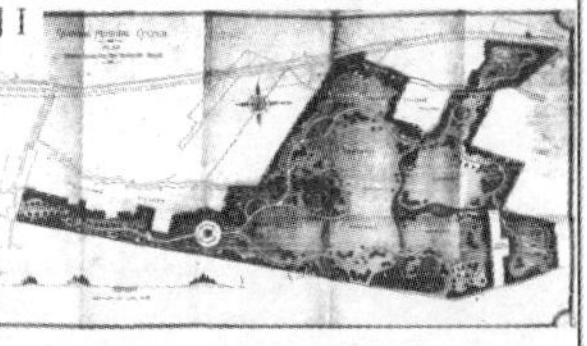
		II（1903 ~ 1912）	●（1905）按照公共租界工部局园地监督麦格雷戈（M.C.,D.Macgregor）的修改方案，公园开始建设 ●（1906）局部开放 ●（1909）竣工开放，取名虹口娱乐场（Hong Kew Recreation Ground）（16.7 hm^2 ）	图 II 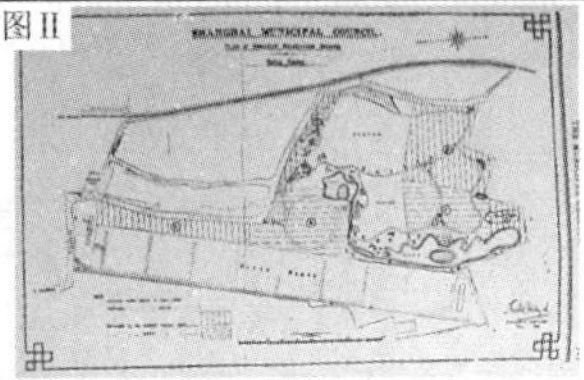
	中华民国（1912 ~ 1949）	III（1912 ~ 1922）	■（1912）中华民国成立 ●（1915）举办第二届远东运动会 ■（1914~1918）第一次世界大战 ●（1921）举办第五届远东运动会 ●（1922）扩大公园西北部、增设露天游泳池，改名虹口公园（19.95 hm^2 ）	图III 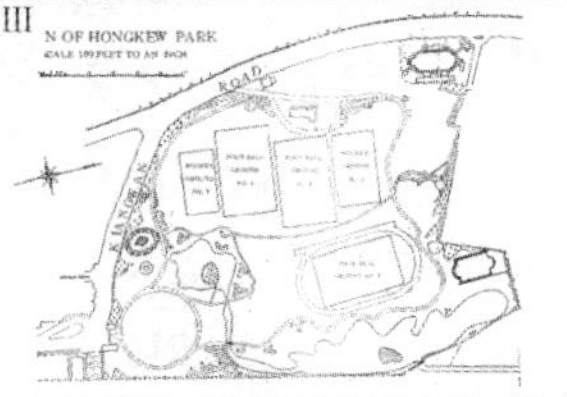
		IV（1922 ~ 1949）	●（1928）对中国人开放 ●（1933）扩大公园东北部，增设球场 ■（1939~1945）第二次世界大战 ■（1943）租界收回 ●（1943）中华民国上海市政府工务局接管	图IV 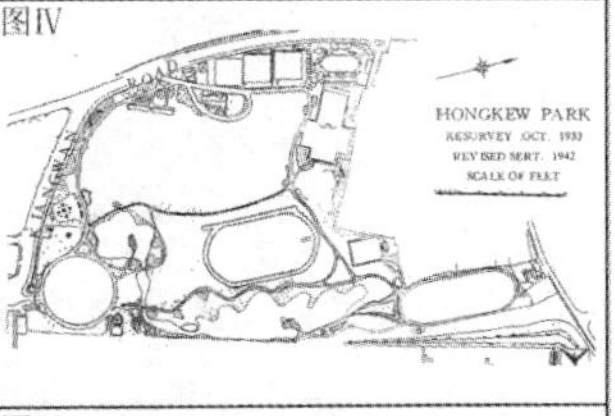
中华人民共和国（1949 ~ ）		V（1949 ~ 1966）	■（1949）中华人民共和国成立 ●（1949）上海市园林管理部门接管 ●（1951）建设虹口休育场，撤除游泳池与高尔夫球场 ●（1956）第一次改修：迁入鲁迅墓，建鲁迅纪念馆 ●（1959~1960）第二次改修：挖湖堆山（25.14 hm^2 ） ●（1961）鲁迅墓被指定为第一批全国重点文物保护单位	图 V 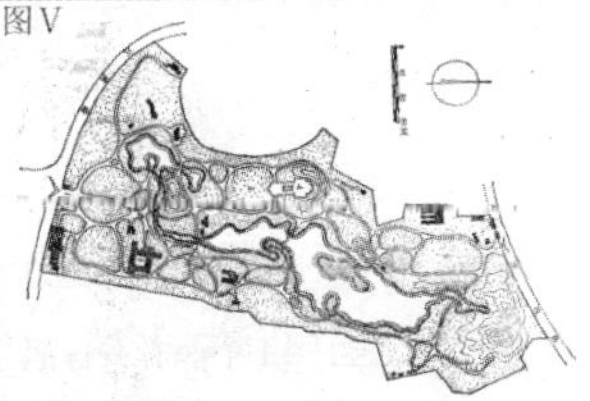
		VI（1966 ~ ）	■（1966~1976）“文化大革命” ■（1978）改革开放 ●（1989）改称鲁迅公园 ●（1992）区级园林管理部门接管	图VI 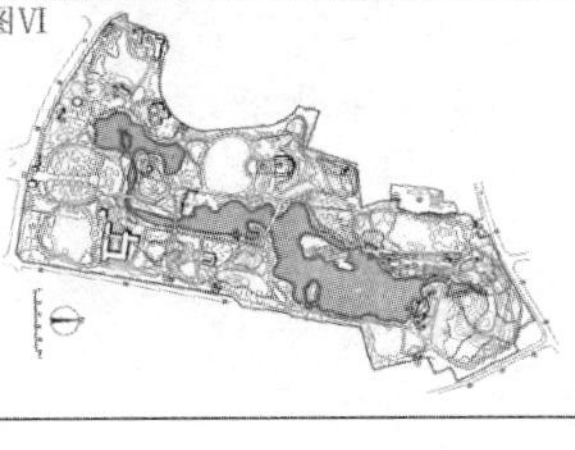

湖堆山，公园的利用形态由此转变为了纪念性文化休息公园，全园面积达到 25.14hm^2（表 2-2-1，图Ⅴ）。公园此后经历了“文化大革命”，1978 年迎来了改革开放。1989 年改名为鲁迅公园后，移交区级园林管理部门至今（表 2-2-1，图Ⅵ）。

2.2.4 鲁迅公园的空间变迁过程与特征

在中国，山形水系、设施、园路，功能分区及植栽是公园空间构成要素中的重要组成部分。由于植栽变迁受公园规划设计以外的自身变化及当地制约的影响较大、所牵涉的分析内容的庞大性，故将其作为今后的研究课题。本研究只就山形水系的形态，设施的类型与数量，园路的类型与环路形态，分区的类型与数量这 4 方面进行分析考察。

（1）山形水系

初期设计案中，在南北部各设一处湖面及数条小河，并在南部湖面中设湖心岛（图 2-2-1，Ⅰ-1）。两处水系曲折收放，并用以划分球场，体现了“运动场和风景公园兼用”的构成特征。后因各运动俱乐部要求将尽可能多的土地用于体育运动，1905 年动工时，按照修改设计案施工。运动场的增加主要是通过取消原来横贯全园的小河并将原设计东西向为主的场地改为南北向为主来取得（图 2-2-1，Ⅱ-1）。其保留了两处湖面的同时将它们用小河连接，扩展东部湖面延伸至北部园界，并且在东部湖面中增设了湖心岛。至 1909 年用 5 年时间初步形成了公园水系布局。

阶段Ⅲ中扩建西北部园地，而水系除东部湖心岛的面积有所缩小以外，未有显著变化（图 2-2-1，Ⅲ -1）。阶段Ⅳ中扩建东北部园地新建球场，进行了填湖。所引起的水面上涨导致了东部湖面及南部的湖心岛有所缩小，东部的湖心岛被改造为了半岛（图 2-2-1，Ⅳ -1）。1933 年北部堆建了一座土山，形成了开园以来的第一处山系。

图 2-2-1 山形水系 -1

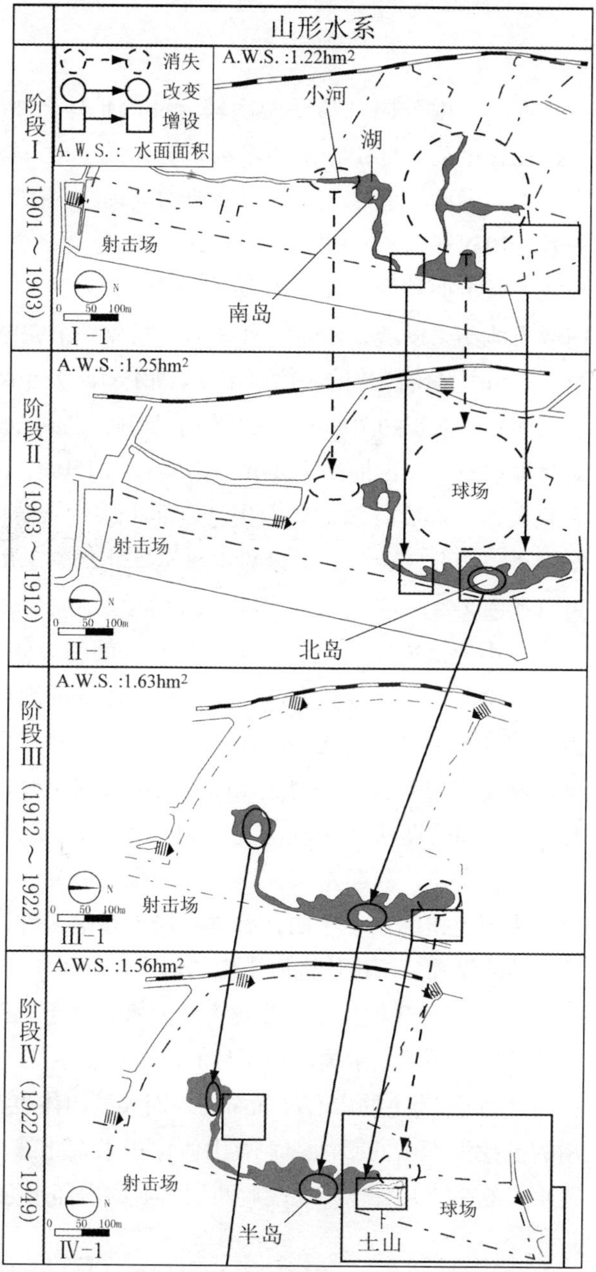
山形水系
消失
改变
增设
A. W. S.：水面面积
阶段Ⅰ（1901～1903）
A.W.S. :1.22hm2
小河
湖
射击场
南岛
Ⅰ-1
阶段Ⅱ（1903～1912）
A.W.S. :1.25hm2
球场
射击场
北岛
Ⅱ-1
阶段Ⅲ（1912～1922）
A.W.S. :1.63hm2
射击场
Ⅲ-1
阶段Ⅳ（1922～1949）
A.W.S. :1.56hm2
射击场
半岛
土山
球场
Ⅳ-1
0 50 100m
N

注释表 **表 2–2–2**

注释	铁道	周边道路及设施	公园边界	入口
	山形	水系	设施	分区

阶段Ⅴ中公园经历了两次较大的改扩建。1957年的第一期工程中，在鲁迅墓北部由东到西堆砌了屏风式土山（图2-2-2，Ⅴ-1）；在南端扩大湖面、堆建土丘，与墓地构成轴线，在其上向北能远眺墓地全景。1959～1960年的第二期工程主要是挖湖堆山。共挖土5万m^3，形成了一个面积约2hm^2、最深处为3m的大湖，以其为中心，从北向南散布池沼、溪流，水体纵贯全园，联成一个完整水系。水面面积增至3.47hm^2，是阶段Ⅳ的一倍以上。大湖中对峙大小两岛。小岛位于东侧、名海南岛，面积约700m^2。大岛位于西侧、名湖心岛，面积约3000m^2。同时堆起了一座占地约1.5hm^2、山体长约150m、高约22m的大土山，名北大山，构成公园的竖向主景。北大山的余脉向南绵延成百鸟山，贯穿于公园北区中部。阶段Ⅵ中鲁迅墓北部的土山以及百鸟山的扩大可以在图2-2-2，Ⅵ-1上得以确认，同时在湖心岛的南北两岸各堆建了一座土山。公园在山水骨架上，既有开朗的大湖，又有潆回的溪河，岸线变化曲折，比较典型地再现了自然山水的地貌景观。大岛是全园山水的构景中心，南北小岛在平面上呼应动势、平衡构图，在立面上增加湖面的景观层次。湖之北面布局有高岗土岭，既能成为湖区景点乃至于全园的良好背景，亦能适当遮挡冬季北风，改善湖区小气候条件。

综上所述，公园水系在建园初始得以形成，采用的是将双湖双岛通过小河连接的设计手法，整体布局于东南园界，以不影响到体育运动场地的设置。而山体则以土山的形式出现于1933年，位于水系北部，规模较小。1950年代公园改建中，原水系在予以保留的基础上得以大规模扩展，采用了中国传统园林的山水构成手法，形成了“一池（湖）三山（岛）”为主的中心湖面布局。而大型山体也在此间得以形成，采用的是挖湖堆山的手法。主要山体位于水系北部，其余小型山体分布在水系的东西及鲁迅墓的南北两侧，形成山环水抱的布局。

阶段Ⅳ（1922～1949）
A.W.S. :1.56hm²
射击场
半岛
土山
球场
0 50 100m
Ⅳ-1
阶段Ⅴ（1949～1966）
A.W.S. :3.47hm²
屏风式土山
北大山
百鸟山
土山
虹口
体育场
鲁迅墓
鲁迅
纪念馆
海南岛
湖心岛
0 50 100m
Ⅴ-1
阶段Ⅵ（1966～）
A.W.S. :3.44hm²
纪念亭
鲁迅墓
鲁迅纪念馆
0 50 100m
Ⅵ-1
图 2-2-2　山形水系 -2

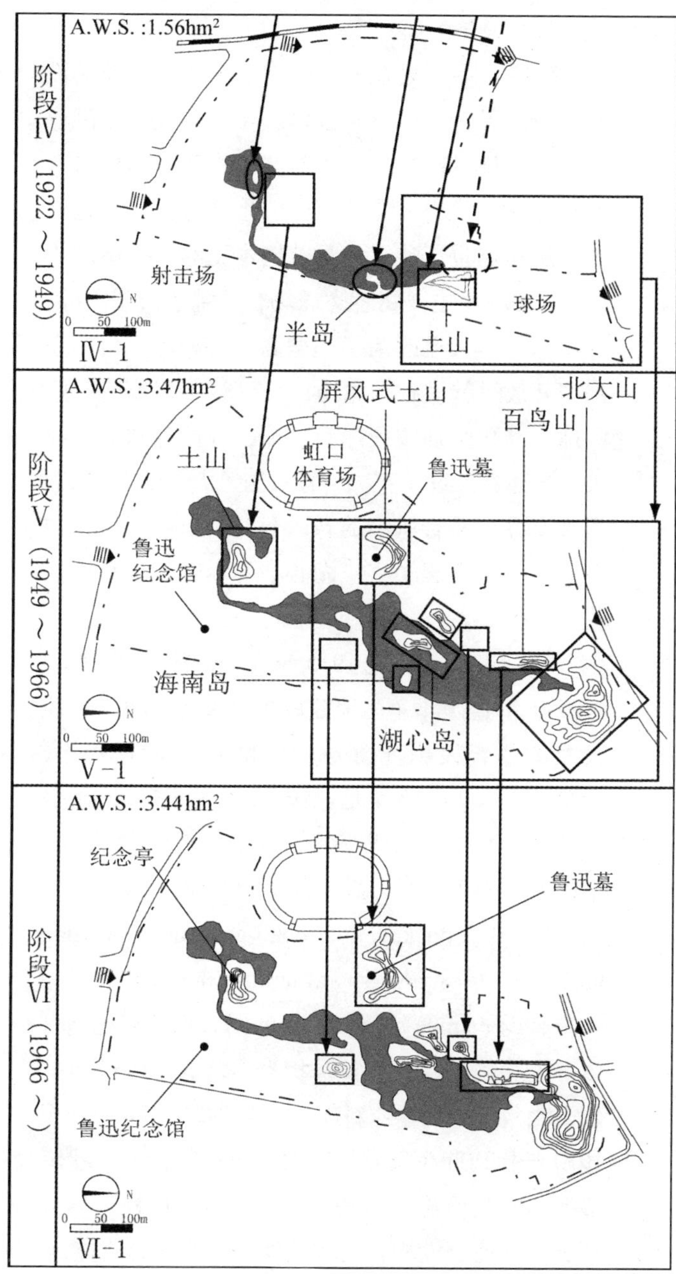

(2) 设施

阶段Ⅰ中主要在公园中部及四角设置球场设施，在园界辅助设置修景设施及休养设施，没有建筑类设施（图 2-2-3，Ⅰ-2）。而板球、门球以及近代足球、网球都起源于 19 世纪的英国，这样的设施布局也反映了当时英国本土的户外运动嗜好。阶段Ⅱ中主要将各类球场合并到了公园中部，并将原入口大道改为了小型高尔夫球场。公园在局部开放时就设有网球场，不久陆续增设曲棍球、门球、高尔夫球、板球、足球、棒球等球场。此外，在园界添设了花园、岩石园等大型修景设施，用来举办交响音乐会的音乐台及西口停车场；并在园内分散布置了亭、湖心亭等休养设施及一些花坛（图 2-2-3，Ⅱ-2）。

阶段Ⅲ中主要是 1915 年在东部添设了跑道，1922 年扩建西北角园地开设了露天游泳池这两项大型的体育设施（图 2-2-3，Ⅲ -2）。阶段Ⅳ中，1932 年公园共有 3 个足球场、2 个曲棍球场、1 个棒球场、4 片滚木球草坪、83 个草坪网球场与 5 个硬地网球场、1 条跑道及 1 个 9 洞高尔夫球场（3 football, 2 hockey, 1 baseball grounds, 4 bowling greens, 83 lawn and 5 hard tennis courts, 1 running track and one nine-hole golf course.），由此可见当时体育设施的种类及数量是相当丰富的。1933 年扩建东北角园地以建造新球场（图 2-2-3，Ⅳ-2）。至 1930 年代初期在园界相继增设了草花园、亭状紫藤棚等修景设施，移动式木架看台、座椅、休息栋等大型便利设施，用以辅助公园的体育机能。

设施
1- 修景设施
2- 休养设施
3- 游戏设施
4- 运动设施
5- 教养设施
6- 便利设施
7- 管理设施
Ⅰ-2
1 花坛
2 马车场
4-1 足球场
4-2 板球场
4-3 门球·网球场
Ⅱ-2
足球场、板球场、门球场、曲棍球场、棒球场与网球场等
1-1 花坛
1-2 花园
1-3 岩石园
2-1 亭
2-2 湖心亭
4-1 球场
4-2 高尔夫球场
5 音乐台
7 停车场
Ⅲ-2
1-1 花坛
1-2 花园
1-3 岩石园
2 亭
4-1 球场
4-2 高尔夫球场
4-3 跑道
4-4 运动场
4-5 露天游泳池
5 音乐台
7-1 停车场
7-2 管理设施
Ⅳ-2
足球场、曲棍球场、棒球场、滚木球草坪、网球场等(1933)
1-1 花坛
1-2 花园
1-3 岩石园
1-4 亭状紫藤棚
2 亭
4-1 球场
4-2 高尔夫球场
4-3 跑道
4-4 运动场
4-5 露天游泳池
5 音乐台
6-1 椅子
6-2 可移动看台
6-3 休息栋
7-1 停车场
7-2 管理设施

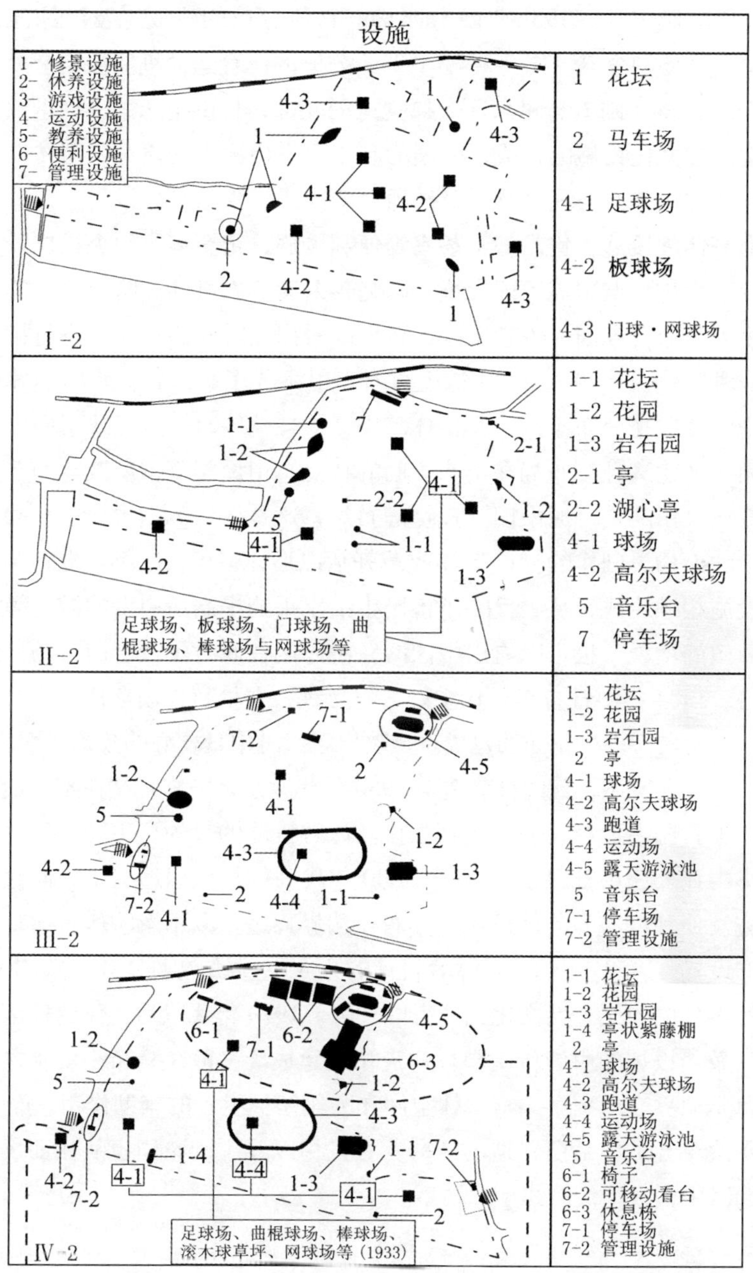

图 2-2-3 设施 -1

阶段Ⅴ中，1951年随着西部虹口体育场的建成以及游泳池、高尔夫球场的分离（图2-2-4，Ⅴ-2），公园的体育运动机能被完全分离出去。1956年随着鲁迅墓迁入原跑道的北部，鲁迅纪念馆、鲁迅塑像等纪念性文化设施的建成，公园的利用形态由原来的体育公园转变为纪念性文化休息公园。此后公园通过2次改扩建陆续增设了亭、竹亭长廊等休闲设施，售品部、茶室等便利设施，纪念亭等纪念设施，儿童游戏设施，苗圃等管理设施，以完善公园的新机能。阶段Ⅵ中的“文化大革命”期间，由音乐亭被毁可以看出当时对西方文化进行排斥的一种思潮。1970～1980年代园内集中添置了亭、廊、水榭等休闲设施，多散在分布于水边及山体（图2-2-4，Ⅵ-2），这反映了中国传统园林多建筑且多布局在山水之间的特点。由原阅览室所改建的艺苑展览馆采用的是“园中园”式院落布局，这是效仿苏州古典园林的艺术手法而构思创作的。1978年改革开放以后，餐厅、船坞，电动游具等设施相继建成，从中反映了市民生活水平的提高所引发的游乐等消费欲望的增强，也可以看出中国的经济体制在此时正在走向市场化的道路。1984年中日青年世代友好“纪念钟”在松竹梅园落成揭幕，而从这一阶段园内樱花园的建成也反映出了当时中日友好的政治局面。

综上所述，公园自营造至1930年代以来，一直都是在不断地通过完善其园内体育设施来达到强化其体育机能的目的，主要的体育设施集中在公园中部以及1920～1930年代间的扩建园地之中。而修景设施及便利设施等其他设施则分布在园界周边，以不影响体育运动场地的设置。1950年代，通过体育设施的分离，主要纪念性文化设施的建成，使得公园的纪念性文化机能得以加强。1970年代以后，作为休闲设施及教养设施的中国传统园林建筑相继建成，多散在分布于山水之间或隐于园界，起到了丰富园林空间和强化园林组景的辅助作用。而1978年改革开放以后所建造的一些营利设施以及主题花园也从侧面反映了当时中国政治经济体制的转型。

Ⅳ-2
1-2
5
6-1
7-1
6-2
4-5
6-3
1-2
4-1
4-3
4-2
7-2
1-4
4-1
4-4
1-3
1-1
7-2
4-1
2
足球场、曲棍球场、棒球场、
滚木球草坪、网球场等（1933）
1-1 花坛
1-2 花园
1-3 岩石园
1-4 亭状紫藤棚
2 亭
4-1 球场
4-2 高尔夫球场
4-3 跑道
4-4 运动场
4-5 露天游泳池
5 音乐台
6-1 椅子
6-2 可移动看台
6-3 休息栋
7-1 停车场
7-2 管理设施
分离
分离
Ⅴ-2
5-5
2-3
3
6-2
5-1
5-3
2-1
7-2
7-1
5-4
6-1
5-2
2-2
7-1
1-2
1-1
1-3
2-1
1-1 花坛
1-2 花园
1-3 水池
2-1 亭
2-2 湖心亭
2-3 竹亭长廊
3 游戏设施
5-1 音乐台
5-2 鲁迅墓
5-3 鲁迅像
5-4 鲁迅纪念馆
5-5 阅览室
6-1 小卖部
6-2 茶室
7-1 管理设施
7-2 苗圃
Ⅵ-2
5-4
3-1
6-1
1-1
2-2
2-4
1-5
6-2
6-1
2-1
7-2
5-5
5-2
5-1
7-1
5-3
3-2
2-1
2-2
1-6
5-6
2-3
6-1
7-1
2-1
1-4
1-3
1-2
1-1 花坛
1-2 花园
1-3 水池
1-4 松竹梅庭
1-5 樱花庭
1-6 鸟舍
2-1 亭
2-2 廊
2-3 水榭
2-4 湖心亭
3-1 电动游具
3-2 游船码头
5-1 鲁迅墓
5-2 鲁迅像
5-3 鲁迅纪念馆
5-4 艺苑展览馆
5-5 纪念亭
5-6 纪念钟
6-1 小卖部
6-2 餐厅
7-1 管理设施
7-2 苗圃

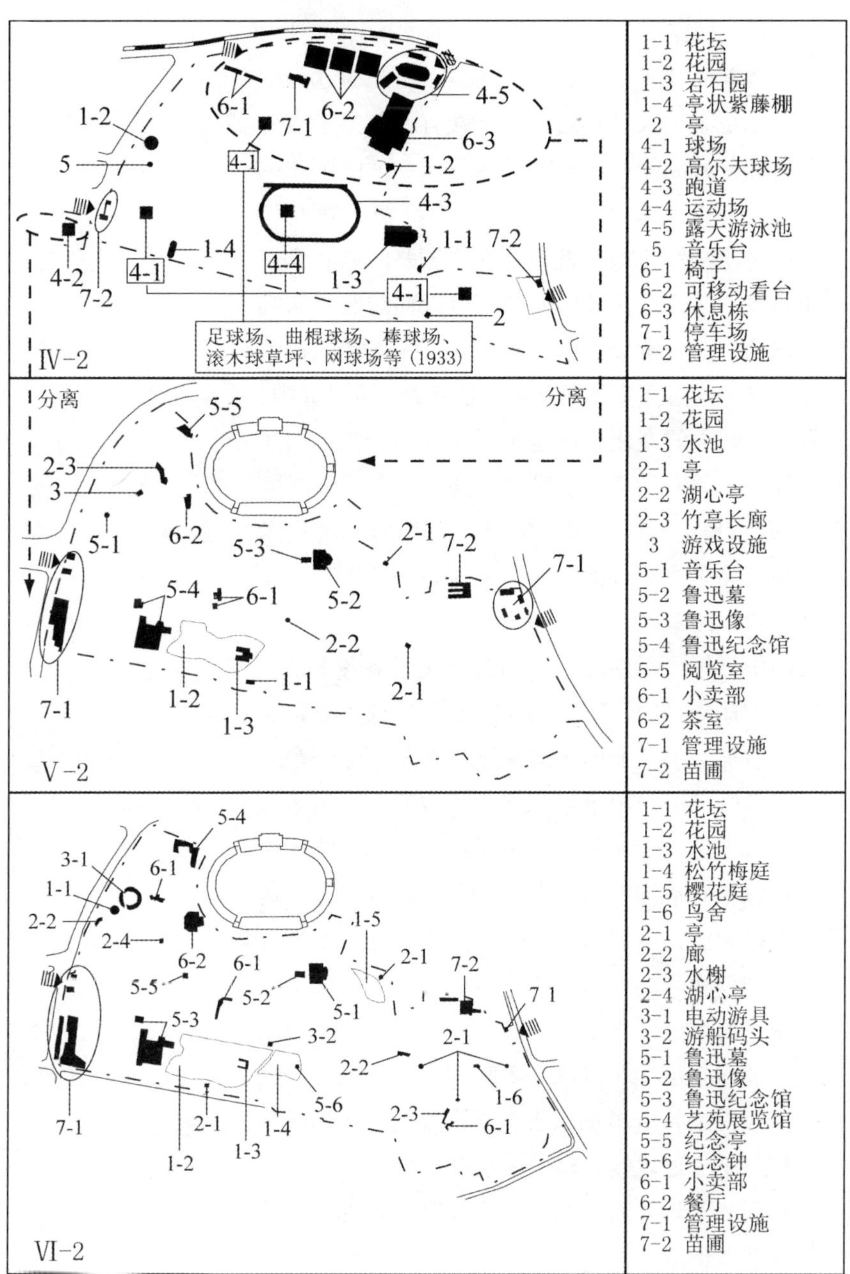

图 2-2-4　设施 -2

(3) 园路

初期设计案中只有1处南口，由此通过马车道向北是1个入口环路，其北端有2条主干道分别延伸向公园的西部及北部，形成1个回游式主环路（图2-2-5，I-3）。途中设次环路4处及湖面回游次环路1处；此外，在主园路的西北及东北角设置了2条次环路，分别可以回游北界两端的球场。这一阶段的园路布局特征主要是入口大道环路加回游式主环路加内外次环路。阶段Ⅱ中，有3处较大的变化。一是由于园界趋于整形，从而取消了原有的2条次环路，通过1条主环路即可回游全园（图2-2-5，Ⅱ-3）。二是为了增设东南角的高尔夫球场而改变了南入口的位置，增设了南口环路及通往西口停车场的次干道。三是在公园中部增设了南北及东西向的次干道各1条用以分割球场。这一阶段的园路布局特征主要是入口环路加回游式主环路加内外次环路与次干道。

阶段Ⅲ中，由于东部增设了跑道而取消了原来的次干道，在西北角增设了通往游泳池的次干道及停车场周围的次环路（图2-2-5，Ⅲ-3）。这一阶段的园路布局特征与前一阶段相比主要是取消了外部次环路。阶段Ⅳ中，由于在东北部扩建了球场而增设了1条入口环路，其中有一条园路可以通向东部半岛（图2-2-5，Ⅳ-3）。此外，由于园西设施有所增加，通过增设数条步道用以将它们与主干道连接。这一阶段的园路布局特征主要是南北入口环路加回游式主环路加内部次环路与外部次干道。

园路
主园路
次园路
主环路
次环路
步道
T. L. P. : 园路总长
T.L.P. : 2.35km
湖
门球、
网球场
消失
改变
增设
Ⅰ-3
T.L.P. : 2.3km
停车场
高尔夫球场
湖心亭
Ⅱ-3
T.L.P. : 2.29km
停车场
岛
露天
游泳池
跑道
Ⅲ-3
T.L.P. : 2.9km
椅子
可移动看台
休息栋
跑道
球场
半岛
Ⅳ-3
图 2-2-5　园路 -1

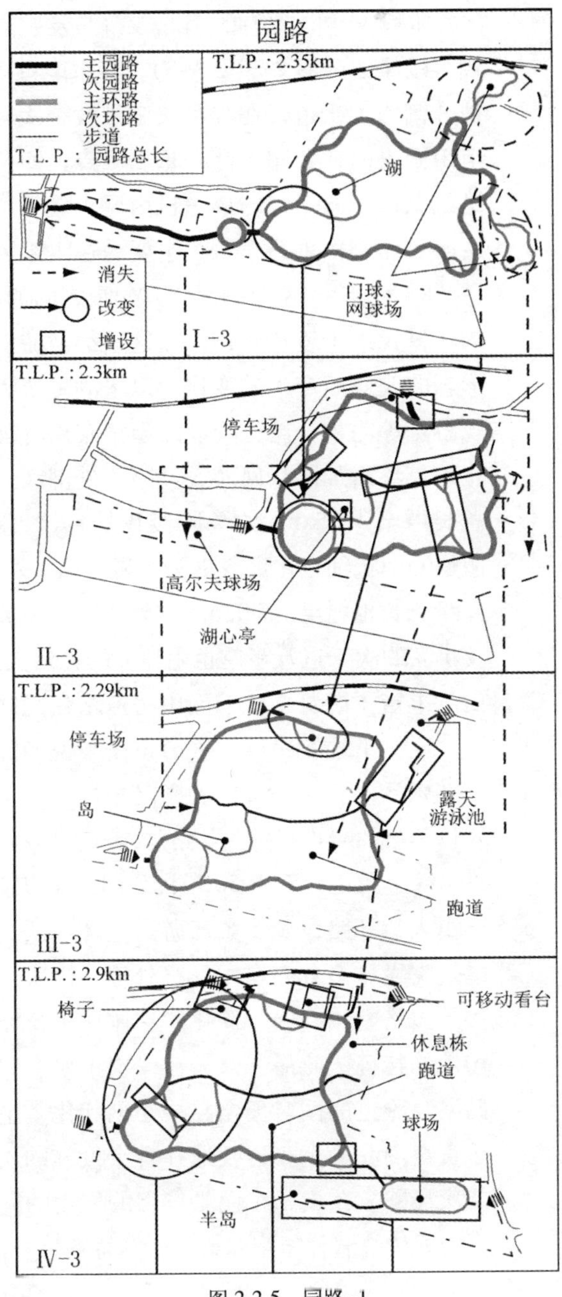

阶段Ⅴ中，原有的南北入口路及跑道的形态大致得以保留（图 2-2-6，Ⅴ-3）。其中南口环路的中间被分割为主干道，在其尽头分设数个次环路，由此组织游人前往公园的两个重要景点，即鲁迅墓与鲁迅纪念馆。园路网的形态也由原先较为单一的单线回游式而变得更为丰富，主要是在主干道内形成了呈“8”字形的环状园路网以及增设了通往各个设施的往复式次干道及步道。而这些都是随着公园利用形态的改变而产生的变化，以求满足游人散步、参观游览等需求。这一阶段的园路布局特征主要是南北入口环路加网状回游式环路加外部次干道。园路总长增至 4.49km，约为阶段Ⅳ的一倍。阶段Ⅵ中，园路的网状细分化现象更为明显（图 2-2-6，Ⅵ-3），园路总长也增至 6.54km。此外，通往园界各个设施及小岛的次干道及步道也由原先的往复式改为环路，由此丰富了游览路线。而山岳道路在此间亦得以铺设，这对于地处平原的上海市民来说增加了爬山这一游乐活动。这一阶段的园路布局特征主要是南北入口环路加网状回游式环路加外部次环路。

综上所述，至 1950 年代公园改建以前，园路主要由入口环路以及 1 条回游式主环路所构成；由于建筑类设施多分布在主环路外部，由次干道予以连接。园路整体趋向于简化，这体现了公园确保体育场地的特征。此后，公园在保留了原有的入口环状园路及跑道的同时园路趋向于网状化，主要是增设了贯穿南北的主干道及通往各个设施的次干道、网状次环路，在增强了园景导引的作用的同时亦体现了中国传统园林园路曲折幽深的特点。

T.L.P.：2.9km
椅子
可移动看台
休息栋
跑道
球场
半岛
Ⅳ-3
T.L.P.：4.49km
阅览室
鲁迅墓
亭
北大山
管理设施
鲁迅纪念馆
花坛
Ⅴ-3
T.L.P.：6.54km
艺苑
展览馆
岛
樱花亭
北大山
花园
岛
山道
Ⅵ-3

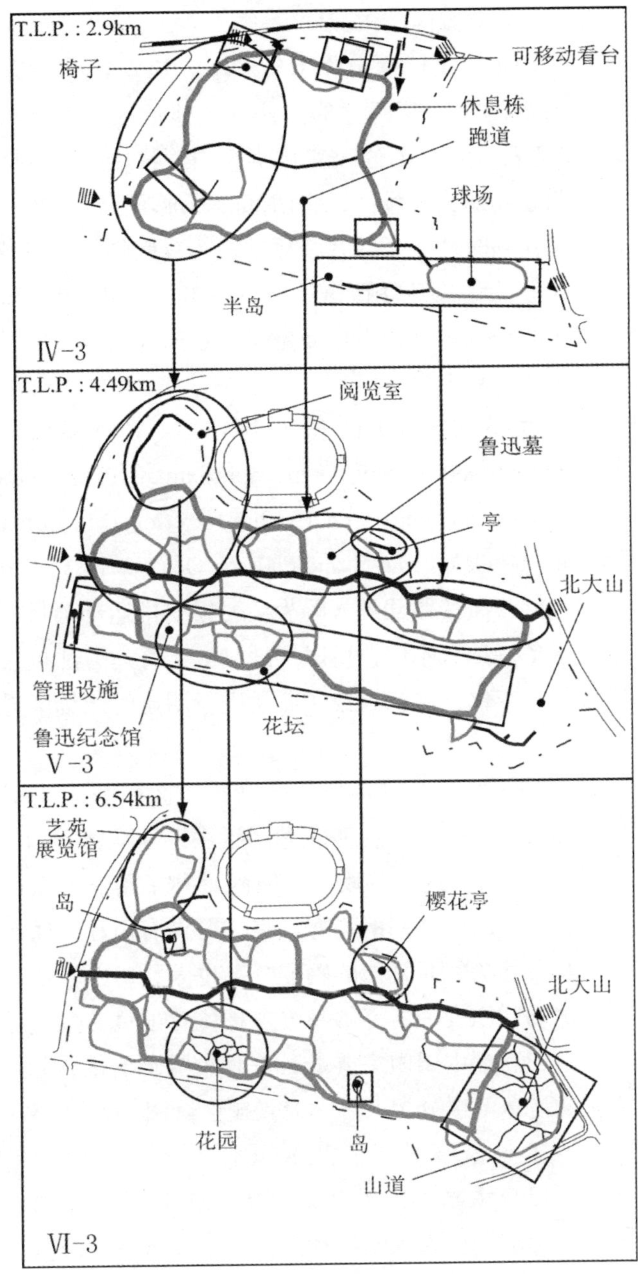

图 2-2-6　园路 -2

(4) 分区

初期设计案中除 1 个入口区及 2 个湖区以外，主要由中部及四角的大小 5 个球场区所构成（图 2-2-7，I-4）。而修改实施阶段中，将原南入口区改为了高尔夫球场区，将南部的板球场区改为入口区兼作临时球场区，并将原来较为分散的数个球场区合并为中央球场区（图 2-2-7，II-4）。而 1909 年颁布的园则第 9 条中也规定了“足球与曲棍球赛季从 10 月 15 日至 3 月 15 日，板球、草坪网球与滚木球赛季从 5 月 1 日至 10 月 15 日。(The season for football and hockey begins, approximately, on October 15 and ends on March 15; that for cricket, lawn tennis and bowls on May 1 and ends on October 15.)”，由此可见公园按照欧洲人的生活习惯安排运动项目，由于冬夏项目不同，所以场地划分、管理方法也按季节而变化，这就导致了无法进行明确的球场区界划分。

阶段Ⅲ中主要是从中央球场区中分出一个运动兼球场区，并在西北角增设了游泳池区（图 2-2-7，III-4）。这一阶段中，园内举办了两届远东运动会，运动会期间的竞赛项目主要设有田径、球赛以及游泳等。而公园的功能分区也因此由以往单一的球场区演变为了能够举办各种体育项目的数个运动区。Ⅳ期中园内主要是在东北角增设了球场区，并从游泳池区分出一个休息设施区（图 2-2-7，IV-4）。1928 年公园对华人开放以后，游人从 1927 年的 251399 人增加到了 1933 年的 904917 人。从中可以看出随着游人大幅增加而使得这一阶段中公园为了加强体育及休息机能而进行的功能分区调整。

分区
消失
改变
增设
Ⅰ-4
1 南入口区
2 南湖区
3 东湖区
4 中央球场区
5 东南球场区
6 西南球场区
7 东北球场区
8 西南球场区
Ⅱ-4
1 南入口兼球场区
2 西入口区
3 南湖区
4 东湖区
5 中央球场区
6 高尔夫球场区
Ⅲ-4
1 南入口兼球场区
2 西入口区
3 南湖区
4 东湖区
5 中央球场区
6 运动场区
7 高尔夫球场区
8 游泳池区
Ⅳ-4
1 南入口兼球场区
2 西入口区
3 北入口兼球场区
4 南湖区
5 东湖区
6 中央球场区
7 运动场区
8 高尔夫球场区
9 游泳池区
10 休息区

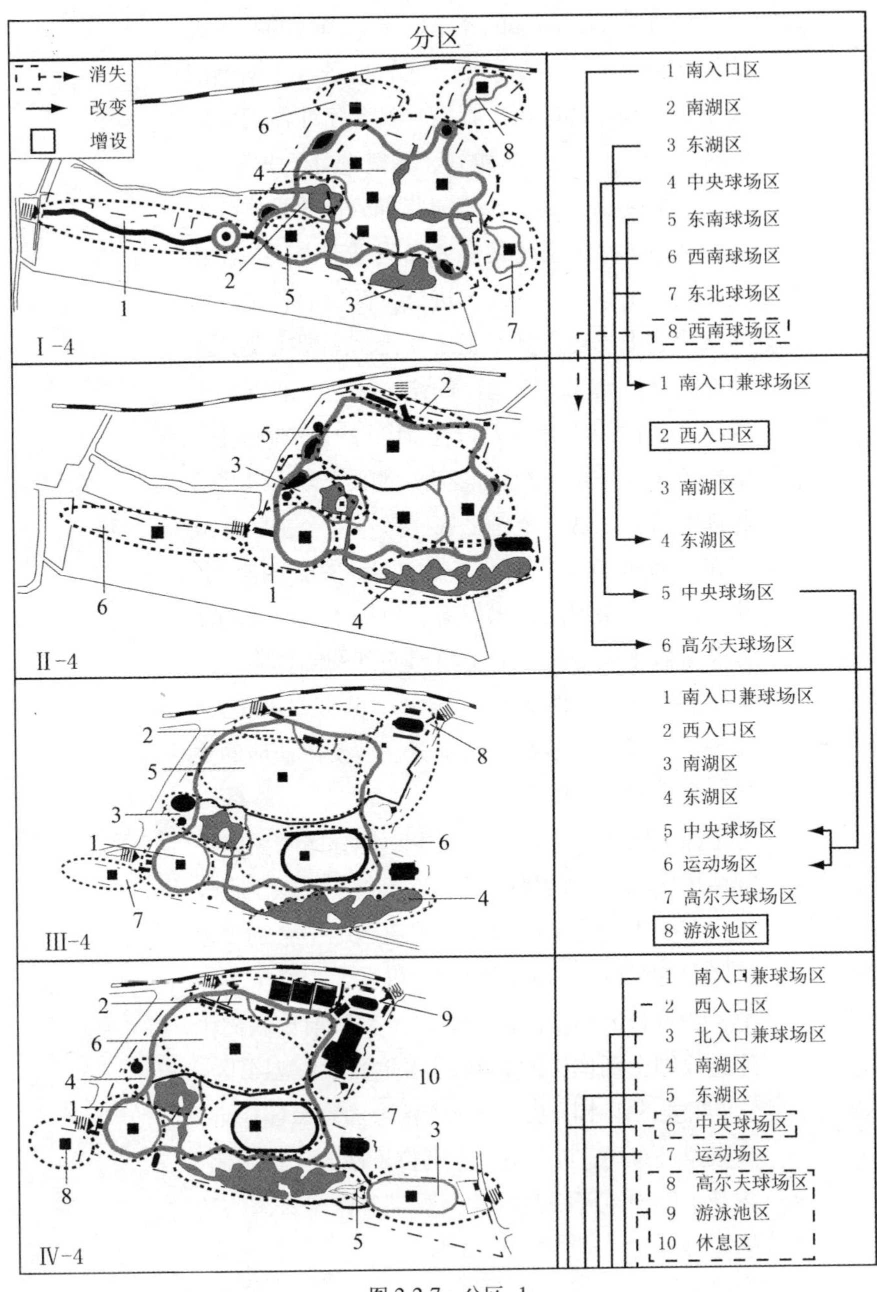

图 2-2-7 分区 -1

阶段Ⅴ中，西部的4个区及东南部的高尔夫球场区分离出了公园，南北入口球场区、南湖面区及运动兼球场区得以保留，扩大了北湖面区的同时增设了5个区,功能分区类型趋向于丰富（图2-2-8，Ⅴ-4）。这是由于当时指导公园建设实践的主要是前苏联的文化休息公园规划理论，其在功能分区上是按照活动内容进行分区。而鲁迅公园的改建之中也运用到了上述理论。全园主要分为中部的鲁迅墓区、东南部的纪念馆区及北部的山水区这3个主区，2个入口区、西部的茶室湖面区、阅览室区与儿童游戏区，东南部的管理区以及西北部的苗圃区这7个辅助区。其中3个主区形成了东西宽近百米，南北长约300m的长向空间，从而产生了深远的艺术效果。Ⅵ期中，原有功能分区未有重大变化，只是将西南部的阅览室区改为了展览馆区（图2-2-8，Ⅵ-4），用以举办花卉、盆景、书画、工艺品等展览会，这使得公园的文化气息愈发得以提升。

综上所述，阶段Ⅰ～Ⅱ中功能分区主要以中部球场区为主，园界的湖区及入口区为辅。阶段Ⅲ～Ⅳ中主要是在中部以及扩建园地中增加了运动区以加强、丰富公园的运动机能。阶段Ⅴ～Ⅵ中，随着公园运动区的分离以及受到前苏联文化休息公园分区理论的影响，功能分区类型趋于丰富。主要的山水区及2个纪念区分布在公园中部，呈三角式布局，其余辅助区则位于南北入口两侧，在既不影响主区视景线的同时又确保了公园的功能完善。

IV-4
1 南入口兼球场区
2 西入口区
3 北入口兼球场区
4 南湖区
5 东湖区
6 中央球场区
7 运动场区
8 高尔夫球场区
9 游泳池区
10 休息区
V-4
1 南入口区
2 北入口区
3 茶室兼湖区
4 山水区
5 鲁迅纪念馆区
6 鲁迅墓区
7 阅览室区
8 儿童游戏场区
9 管理区
10 苗圃区
VI-4
1 南入口区
2 北入口区
3 餐厅兼湖区
4 山水区
5 鲁迅纪念馆区
6 鲁迅墓区
7 展览馆区
8 儿童游戏场区
9 管理区
10 苗圃区

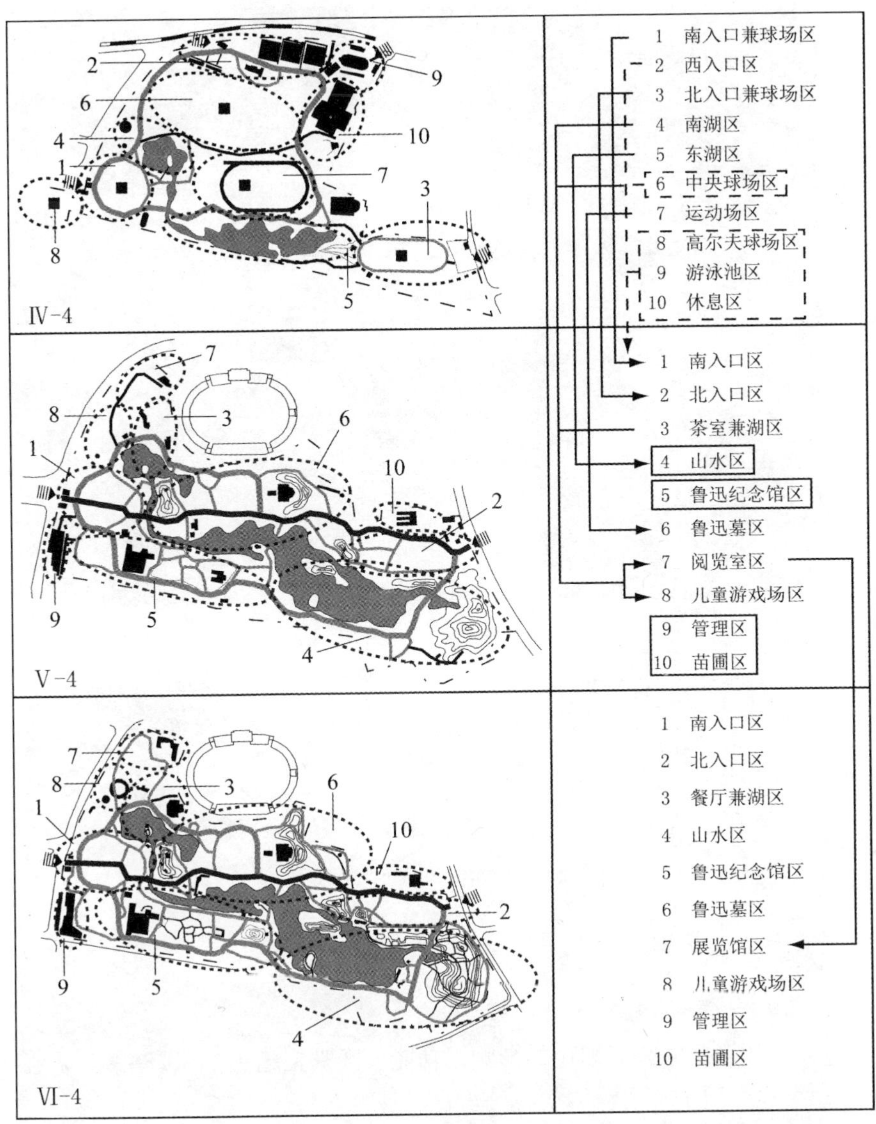

图 2-2-8 分区 -2

图 2-2-9　鲁迅墓

图 2-2-10　中日青年世代友好纪念钟

图 2-2-11　饮水器（建于 1929 年）

图 2-2-12　亭与柳堤

2.2.5 结论

纵观以上的考察结果，可以看出：阶段Ⅰ（清代初期设计）以球场与水系为主，体现了运动场兼风景公园的空间构成特征，也可以看出受到英式规划布局的影响。公园营建至阶段Ⅲ、Ⅳ（1912 ~ 1949 年），主要增设了游泳池、跑道等体育设施，水系及园路趋于简化，体现了向综合性体育公园转化的变迁特征。Ⅴ、Ⅵ阶段（1949 年以后），公园转变为以山水、文化纪念游憩设施为主，园路趋于网状化，分区趋于丰富的空间构成，体现了向综合性公园转化的变迁特征。

本研究得出以下结论：(1) 从利用形态上探明了上海鲁迅公园由租界时期的外侨专属公园演变至对中国大众开放的公园。(2) 从公园类型上探明了由建园初期的体育专项公园演变至以文化纪念游憩为主的综合性公园。(3) 从建园风格上探明了由最初的英式户外运动公园演变至具有中国传统风格的现代公园。

作为中国城市公园的鲁迅公园，其形成与变迁受到各个历史时代的政治、经济，特别是社会文化的影响。最初为上海租界公园的鲁迅公园，经历了外来文化与中国文化的融合与沉淀过程，通过公园的内容、形式、性质、功能上的变迁得以反映。

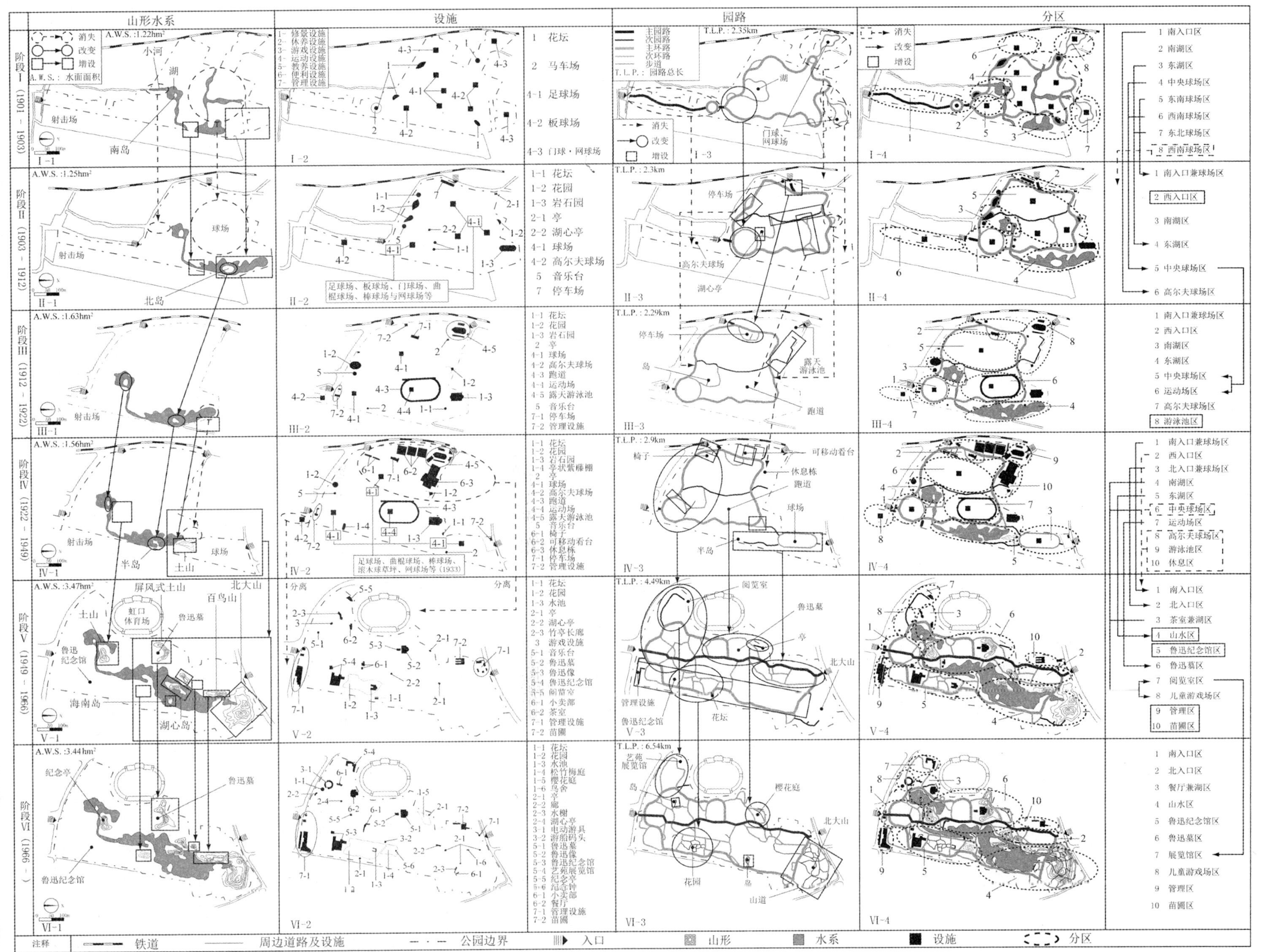

图 2-2-13 鲁迅公园的空间变迁过程图

2.3 复兴公园与中山公园的空间变迁比较

2.3.1 研究背景、意义与目的

上海的城市公园起源于租界时代（1845 ～ 1943 年），受英法两国园林文化的影响较大。上海复兴公园（法式，以下简称复兴、FX。）与中山公园（英式，以下简称中山、ZS。）是最具代表性的 2 个公园。1949 年上海解放以后，租界时代所建设的公园由上海市人民政府园林部门所接管，此后的 60 余年间得以改修完善，可以说在延续了英法两国园林文化的同时融入了中国园林文化。特别是公园设施在此期间，随着服务对象的生活文化的不同，其构成也在发生相应的改变。把握这些设施及空间构成的变迁过程及特征，不仅有助于正确保护近代园林资产，并且对于研究中国近代、现代城市公园的发展及异域文化的影响、融合过程是必不可少的重要环节之一。

上述 2 个公园的既往研究多集中于租界时代的公园形成过程（王绍增，1982；柳五郎，1985）及复兴公园 2006 年的改建（顾芳等，2009）。在出版物中也有公园的相关信息，但是只停留在概论的层次，并没有相关于空间构成变迁的研究。本研究在这样的背景下，从设施史研究的视点出发，旨在通过探明英法两国租界公园的设施构成与其变迁特征，进而考察英法两国与中国园林样式在融合过程中的异同点。

2.3.2 研究方法

（1）对象地选择

鉴于① 1909 年建成的复兴隶属于法租界，是现今中国唯一保存较完好的法式公园；② 1914 年建成的中山隶属于公共租界，是现今上海市唯一保存较完好的英式公园；③ 2 个公园同属综合公园，中华人民共和国建国后都由上海市公园管理部门管理等理由，本研究选择复兴与中山作为研究对象地。

（2）调查方法

首先在搜集、查阅了 2 个公园相关既往研究论文、出版物等的基础上，于 2007 年 2 月、2008 年 3 月与 2009 年 3 月 3 次走访了上海市档案馆，查阅了租界时期的一手资料，并对公园进行了现状踏查。此外，就中华人民共和国建国后的公园设施改建情况，采访了原市级，区级公园管理负责人。

（3）研究方法

首先根据文献调查结果，将公园概况与时代背景汇总列表（表 2-3-1），确定了：

①比较时期为租界时代（以下简称 I 期，1845~1949 年*）与中华人民共和国时代（以下简称 II 期，1949~1995 年。）。

②选择 1925 年复兴（图 2-3-1，I -FX）及中山（图 2-3-4，I-ZS）平面图，1992 年复兴（图 2-3-1，II -FX）及 1990 年中山（图 2-3-4，II -ZS）平面图作为 II 期的设施构成平面分析依据。

③在文献中整理出 I 期、II 期 2 个公园的各设施，确定其建设及存在时期。选择平面图中可以得到确认的山形水系、花坛**· 草坪***、建筑类设施与园路这 4 大项目作为分析要素。

④在构成要素的样式特定上，参考了針ヶ谷鐘吉（1977）中的西式庭园样式（法式与英式）及形式（整形与自然风景式），李敏（1987）中的中国现代公园艺术形式。在把握了各期中 2 个公园的设施构成特征的基础上，对于空间构成的变迁特征作了综合比较考察。

2.3.3 复兴公园与中山公园的概况及时代背景

1845 年英商在上海设立了中国的首个居留地，4 年后法国在上海成立租界，此后英美租界于 1863 年合并为公共租界。在公园绿地管理

---

* 为了保持研究时代的连贯性，将民国后期的 1943~1949 年归至租界时代。

** 本研究以在平面图中可以得到确认的花坛为研究对象，花坛面积包括喷水池。

*** 本研究中的草坪包括草地、具有广义性，草坪面积含其中的树林灌木，不包括山水体系以及可以得到确认的花坛。

方面，公共租界于1899年设立园地监督，至1940年由英国人担任。而法租界于1910年设立专职园艺师，至1943年由法国人担任。

1909年建成开放的复兴公园原名顾家宅公园（Koukaza Park），由法租界工务处设计、法国人柏勃担任工程监督。1914年开放的中山公园原名极司非而公园（Jessfield Park），由公共租界工部局园地监督麦格雷戈负责改建设计。2个公园在1915~1926年间经历了较大规模的改扩建，面积均达到10余公顷，成为租界最大的2处综合公园。1943年租界收回后，为了复兴中国以及纪念孙中山，上海市政府将顾家宅公园（亦名法国公园）更名为复兴公园，将极司非而公园更名为中山公园至今。

复兴公园与中山公园的概况及时代背景　　表2-3-1

<table>
<tr><th colspan="2">租界时代（Ⅰ期）</th></tr>
<tr><th>法租界</th><th>公共租界</th></tr>
<tr><td>▲（1849）法租界成立</td><td>▲（1845）上海英商居留地设立</td></tr>
<tr><td rowspan="2">■（1908）公董局决定将顾家宅兵营辟建为公园。由工务处设计方案，同年建园工程开工，法籍园艺家柏勃(Papot)担任工程监督</td><td>▲（1863）英美租界合并为公共租界</td></tr>
<tr><td>▲（1899~1940）工部局设置园地监督，由英国人担任</td></tr>
<tr><td>■（1909）法国国庆日开园，取名顾家宅公园（Koukaza Park）（9.08 hm^2）</td><td>▲（1900）越界筑路</td></tr>
<tr><td>▲（1910~1943）公董局设置专职园艺师，由法国人担任</td><td>●（1914）工部局决定将兆丰花园改建为公园，由园地监督麦格雷戈（D. Macgregor）负责改修设计</td></tr>
<tr><td rowspan="2">■（1918~1926）法籍工程师如少默（Jousseaume）负责公园的扩、改建，其中中国园艺家郁锡麒先生参与了设计工作（10 hm^2）</td><td>●（1914）开园，取名极司非而公园（Jessfield Park）（8.2 hm^2）</td></tr>
<tr><td>●（1915~1925）麦格雷戈负责公园的扩、改建（19.2 hm^2）</td></tr>
<tr><td colspan="2">■，●（1928）对中国人开放</td></tr>
<tr><td colspan="2">▲（1943）租界收回</td></tr>
<tr><td>▲（1946）改名复兴公园</td><td>●（1944）改名中山公园</td></tr>
<tr><th colspan="2">中华人民共和国时代（Ⅱ期）</th></tr>
<tr><td colspan="2">▲（1949）中华人民共和国成立</td></tr>
<tr><td colspan="2">■，●（1949）上海市园林管理部门接管</td></tr>
<tr><td colspan="2">▲（1966~1976）“文化大革命”</td></tr>
<tr><td colspan="2">▲（1978~）改革开放</td></tr>
<tr><td colspan="2">■，●（1992）移交区级园林管理部门（1995年复兴公园8.89 hm^2、中山公园21 hm^2）</td></tr>
<tr><td>■（2006）登记为卢湾区不可移动文物</td><td></td></tr>
<tr><td colspan="2">注：▲：历史背景　■：复兴公园　●：中山公园</td></tr>
</table>

1949 年中华人民共和国成立以后，2 个公园由上海市公园管理部门接管，得以修缮。1966 年开始的 10 年“文化大革命”期间，由于管理部门为了保护公园而将 2 个公园长期关闭，因此未受到大的破坏。1978 年改革开放以后，2 个公园得以完善。1992 年 2 个公园分别移交所在区管理，至 2006 年未有较大的改建。

2.3.4 复兴公园与中山公园的空间变迁过程与特征

（1）复兴公园的空间变迁过程与特征

①文献分析考察

1909 年复兴公园建园初始的设施主要由长方形沉床毛毡花坛、大型草坪（全体近似于长方形，与东北的花坛、林荫大道的邻接部呈整形式，西北部的轮廓呈自然曲线）、音乐亭与温室苗圃所构成，初步形成了以法式为主、英式并存的园林格局。马厩、俱乐部为原兵营设施，不久得以拆除。自 1912 年起，陆续增设了环龙纪念碑及小动物饲养设施（1945 年动物园迁移至现上海动物园）。1918 ～ 1926 年间公园改扩建，主要增设了椭圆形玫瑰花坛、方形草坪及中国园（假山、荷花池、瀑布与小溪）。可见在增设了法式修景设施的同时新增了中式修景设施，至此 I 期形成了以法式为主、英式与中式并存的园林格局。

Ⅱ期的设施整备主要集中在 1966 年“文化大革命”以前与 1978 年改革开放以后这两个阶段。前一个阶段拆除了环龙纪念碑，增设了水族馆、文艺馆、儿童游戏设施、游泳池及茶室。后一个阶段一方面是增设了水池中的雕塑与马克思恩格斯雕塑广场；另一方面是改建增设了餐饮办公大楼、文化娱乐中心及具有中国传统园林特色的“天园”以展示奇峰异石。可见Ⅱ期中充实了公园的休养娱乐机能，主要通过增设中式教养设施而增添了中国特色。

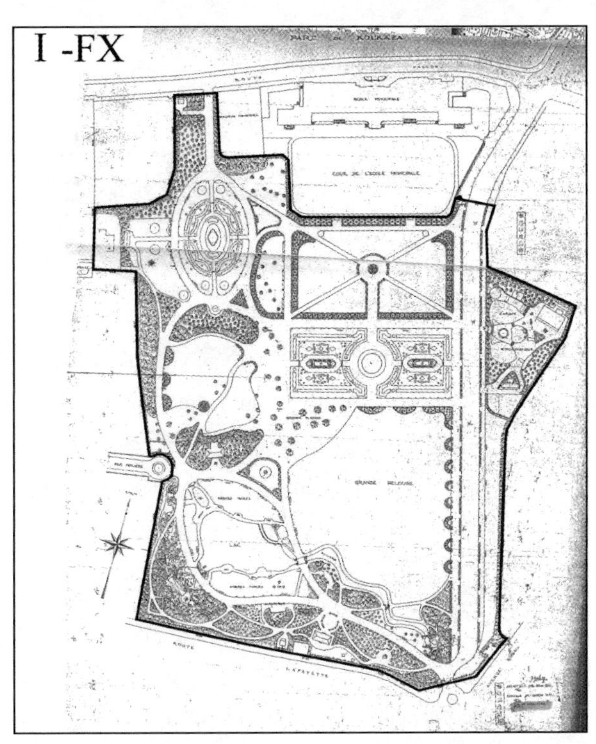

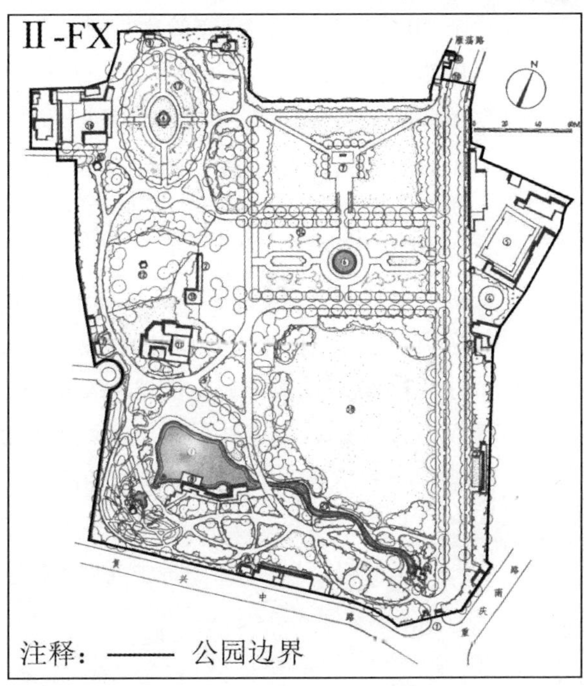

图 2-3-1　复兴公园平面图

②平面图分析考察

山形水系：Ⅰ期由南部中国园内的单体假山与自然式水系、北部3个整形式喷泉构成，呈中式山水与法式喷泉并存的格局。Ⅱ期中，草坪喷泉被拆除，其余的山形水系在形态上没有大的变化。山体面积（以下简称山面、AH）（1706m^2）减少为Ⅰ期（2128m^2）的80.2%，水体面积（以下简称水面，AW）（2579m^2）减少为Ⅰ期（3122m^2）的82.6%，可见中式山水在Ⅱ期中被改修缩小。

花坛：Ⅰ期由北部2个大型图案花坛、8个小型花坛与2个入口花坛共计12个花坛构成，呈法式格局。Ⅱ期中，大型图案花坛与西入口花坛得以保留，形态没有大的变化，其余的小型花坛被拆除。花坛个数虽然由Ⅰ期的12个减少至3个，但是花坛面积（以下简称花面、AF）（8107m^2）仍然保持在Ⅰ期（8530m^2）的95.0%。通过观察图2-3-1，下沉式花坛的内部Ⅱ期都由4个对称花坛所构成，花坛样式上有差异，均不是传统的法式图案。此外，Ⅱ期的下沉式花坛周边通过列植强化了轮廓。

草坪：Ⅰ期由北部、西部与中部共计3片草坪构成，呈法国整形式与英国自然风景式草坪并存的格局。Ⅱ期中，北部草坪被改修，中间形成了方形广场，西部自然风景式草坪被改成铺装，中部草坪被扩大。草坪面积（以下简称草面、AL）（20162m^2）减少为Ⅰ期（24456m^2）的82.4%，英式草坪的减少是主要原因。

分析数据表 -1　　　　表 2–3–2

分析数据		AH	AW	AF	AL	AA
FX	I 期	2128	3122	8530	24456	1141
	II 期	1706	2579	8107	20162	4354
	vs. I 期	80.2%	82.6%	95.0%	82.4%	381.6%
ZS	I 期	10002	5974	784	52160	1703
	II 期	20456	15257	944	38132	7544
	vs. I 期	204.5%	255.4%	120.5%	73.1%	442.9%

m²

AH：山系平面面积　　AF：花坛面积
AW：水面面积　　AL：草坪面积　　AA：建筑类设施面积

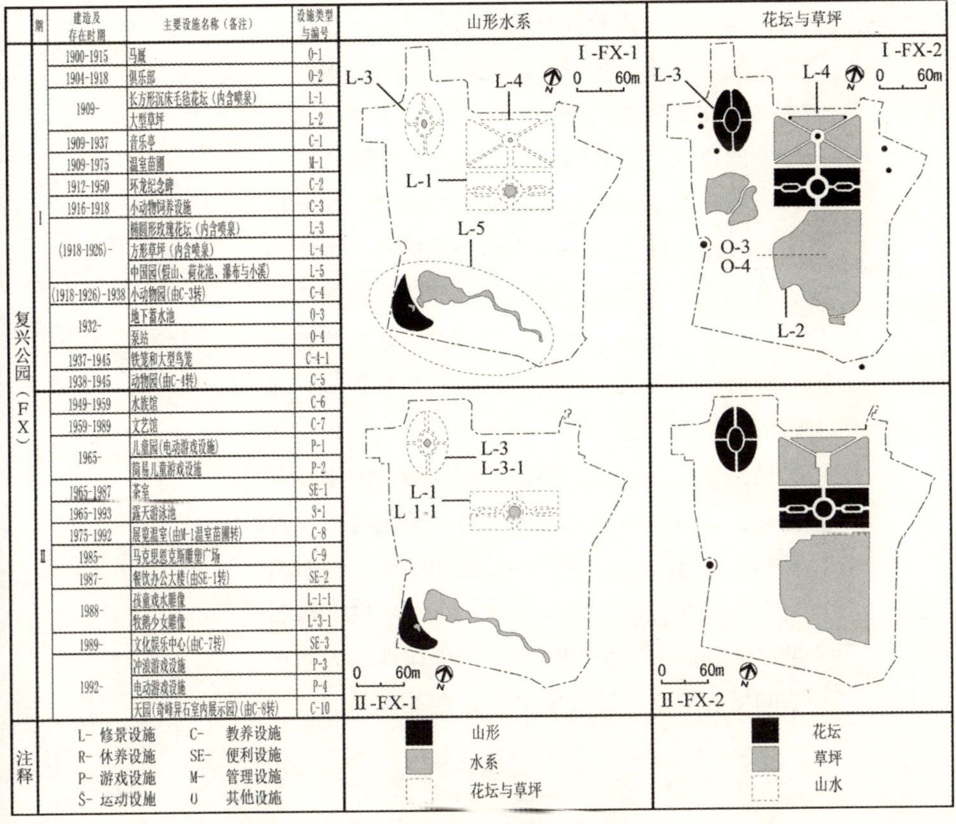

	期	建造及存在时期	主要设施名称（备注）	设施类型与编号
复兴公园（FX）	I	1900-1915	马厩	O-1
		1904-1918	俱乐部	O-2
		1909-	长方形沉床毛毯花坛（内含喷泉）	L-1
			大型草坪	L-2
		1909-1937	音乐亭	C-1
		1909-1975	温室苗圃	M-1
		1912-1950	环龙纪念碑	C-2
		1916-1918	小动物饲养设施	C-3
		(1918-1926)-	椭圆形玫瑰花坛（内含喷泉）	L-3
			方形草坪（内含喷泉）	L-4
			中国园(假山、荷花池、瀑布与小溪)	L-5
		(1918-1926)-1938	小动物园(由C-3转)	C-4
		1932-	地下蓄水池	O-3
			泵站	O-4
		1937-1945	铁笼和大型鸟笼	C-4-1
		1938-1945	动物园(由C-4转)	C-5
	II	1949-1959	水族馆	C-6
		1959-1989	文艺馆	C-7
		1965-	儿童园(电动游戏设施)	P-1
			简易儿童游戏设施	P-2
		1965-1987	茶室	SE-1
		1965-1993	露天游泳池	S-1
		1975-1992	展览温室(由M-1温室苗圃转)	C-8
		1985-	马克思恩克斯雕塑广场	C-9
		1987-	餐饮办公大楼(由SE-1转)	SE-2
		1988-	孩童戏水雕像	L-1-1
			牧鹅少女雕像	L-3-1
		1989-	文化娱乐中心(由C-7转)	SE-3
		1992-	冲浪游戏设施	P-3
			电动游戏设施	P-4
			天园(奇峰异石室内展示园)(由C-8转)	C-10

注释：L- 修景设施　C- 教养设施　R- 休养设施　SE- 便利设施　P- 游戏设施　M- 管理设施　S- 运动设施　O 其他设施

图 2-3-2　复兴公园设施构成变迁图 -1

建筑类设施：I期中主要由南部中国园内的亭、中西部的纪念碑与音乐亭、东部动物园内的笼舍构成，呈中式休养与西式教养设施并存的格局。Ⅱ期中增设的水榭是中国传统园林中常见的园林建筑，分布在中国园内的水系周边。儿童园、售品部与天园分布在原西部草坪上，餐饮办公大楼分布在西北园角，电动游戏设施与游泳池分布在东部园地内。此外，建筑面积（以下简称建面、AA）（4354m^2）几乎是I期（1141m^2）的4倍。可见建筑设施数量增多、种类趋于丰富，局部园地大量增设了中式教养与具有营利性的现代休养娱乐类建筑设施。可以看出在作为市级公园对于需求多样化而采取功能强化的同时，维持了法式公园空间特征，逐渐转型为中国现代公园空间。

园路：I期中主要由东部入口大道、西北部整形式园路、西南部与动物园的自然式园路所构成。Ⅱ期中，主要是一方面原西部草坪与东部动物园被铺装，撤除了园路；另一方面北部草坪步道被改修，小溪以北的次园路被改为了步道。其余的大部分园路都得以保留。与I期相同，园路形态仍然呈入口大道、整形式与自然式园路并存的格局。Ⅱ期的园路总长（以下简称路长、LP）（5064m）只有I期（6379m）的79.4%，园路密度（以下简称路密、DP）（570m/hm^2）也下降到I期（642m/hm^2）的88.8%，局部园地的大面积铺装的增加是导致园路减少的主要原因。

分析数据表 -2　　　　表 2-3-3

		LP	DP
FX	I期	6379	642
	II期	5064	570
	vs. I期	79.4%	88.8%
ZS	vs. FX I期	-	25.7%
	I期	3165	165
	II期	9198	423
	vs. I期	290.6%	257.1%
	vs. FX II期	-	74.3%

LP的单位是m、DP的单位是 m/hm²

LP：园路总长　　DP：园路密度

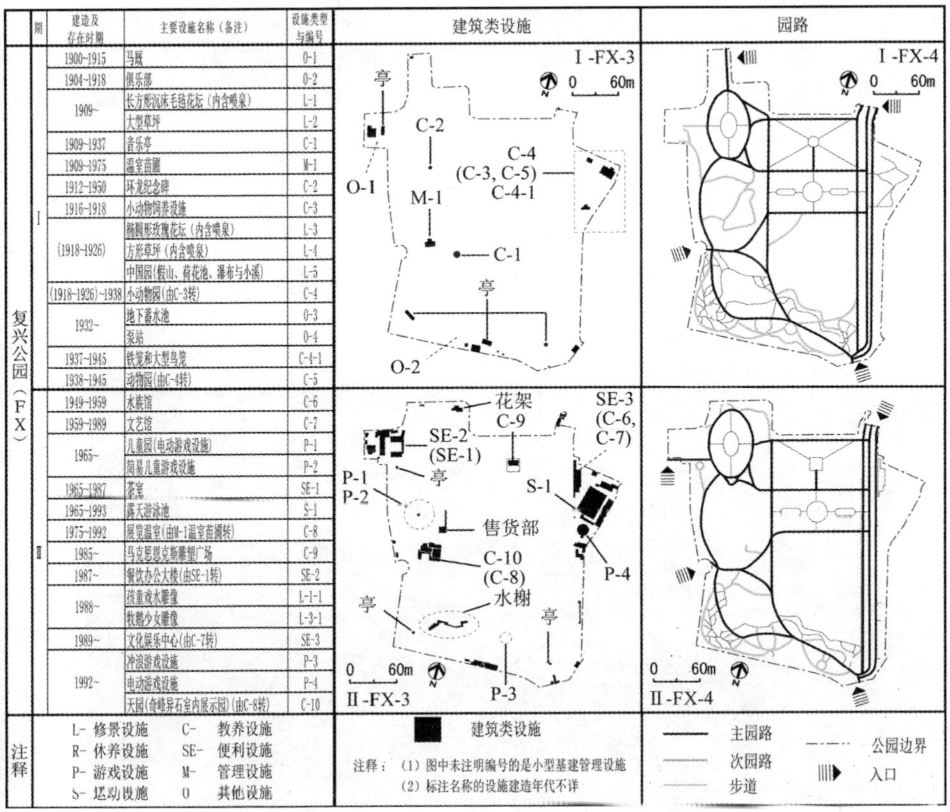

	期	建造及存在时期	主要设施名称（备注）	设施类型与编号
复兴公园（FX）	I	1900~1915	马厩	O-1
		1904~1918	俱乐部	O-2
		1909~	长方形沉床毛毡花坛（内含喷泉）	L-1
			大型草坪	L-2
		1909~1937	音乐亭	C-1
		1909~1975	温室苗圃	M-1
		1912~1950	环龙纪念碑	C-2
		1916~1918	小动物饲养设施	C-3
		(1918~1926)	椭圆形玫瑰花坛（内含喷泉）	L-3
			方形草坪（内含喷泉）	L-4
			中国园(假山、荷花池、瀑布与小溪)	L-5
		(1918~1926)~1938	小动物园(由C-3转)	C-4
		1932~	地下蓄水池	O-3
			泵站	O-4
		1937~1945	铁笼和大型鸟笼	C-4-1
		1938~1945	动物园(由C-4转)	C-5
	II	1949~1959	水族馆	C-6
		1959~1989	文艺馆	C-7
		1965~	儿童园(电动游戏设施)	P-1
			简易儿童游戏设施	P-2
		1965~1987	茶室	SE-1
		1965~1993	露天游泳池	S-1
		1975~1992	展览温室(由M-1温室苗圃转)	C-8
		1985~	马克思恩克斯雕塑广场	C-9
		1987~	餐饮办公大楼(由SE-1转)	SE-2
		1988~	孩童戏水雕像	L-1-1
			牧鹅少女雕像	L-3-1
		1989~	文化娱乐中心(由C-7转)	SE-3
		1992~	冲浪游戏设施	P-3
			电动游戏设施	P-4
			天园(奇峰异石室内展示园)(由C-8转)	C-10
注释		L- 修景设施　R- 休养设施　P- 游戏设施　S- 运动设施	C- 教养设施　SE- 便利设施　M- 管理设施　O 其他设施	

图 2-3-3　复兴公园设施构成变迁图 -2

图 2-3-4　1920 年代改修后的公园一角（上海市档案馆藏）

图 2-3-5　1920 年代改修后的椭圆形花坛（上海市档案馆藏）

图 2-3-6　下沉式花坛

图 2-3-7　椭圆形花坛

图 2-3-8　林荫大道

图 2-3-9　大草坪

图 2-3-10　荷花池

图 2-3-11　马克思恩格斯雕塑广场

(2) 中山公园的空间变迁过程与特征

①文献分析考察

中山公园最初改建于兆丰花园，当时只有一些树木与简易建筑（中国亭），1914 年正式开放至 1917 年间主要增设了大型草坪、土山、玫瑰园、儿童园与园艺试验场（1930 年改建为苗圃），初步形成了英式园林格局。1915 ～ 1925 年间公园改扩建，主要在扩展的南部、西部园地内增设了湖、中国园、日本园（筑山园与樱花林）、山地植物园等修景设施及茶室、动物园、音乐台（1935 年拆除建大理石亭）。可见在增设了英式修景设施的同时新增了中式与日式修景设施，1920 年代，中山公园逐步形成了以英式（自然风景式草坪与土山、小河、水池所组合构成的微地形由东向西渐缓，带有起伏）为主、中式（中国园）与日式（日本园）并存的园林样式。

Ⅱ期的设施整备主要集中在“文化大革命”以前与改革开放以后这两个阶段。前一个阶段一方面是增设了牡丹、梅、桃园，桂花、腊梅林等具有中国传统园林植栽特色的专类园；另一方面是增设了水族馆、展览馆、阅览室、游泳池（1979 年改建为溜冰场）与游戏设施，将动物园迁移至现上海动物园。后一个阶段增设了溜冰场、餐厅与小剧场（1987 年改建为舞厅）。可见Ⅱ期中充实了公园的休养娱乐机能，主要通过增设中式修景设施而增添了中国特色。

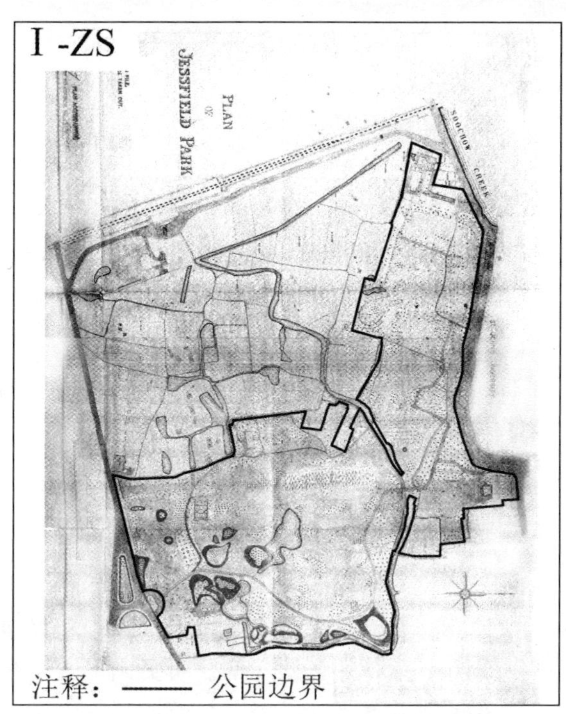

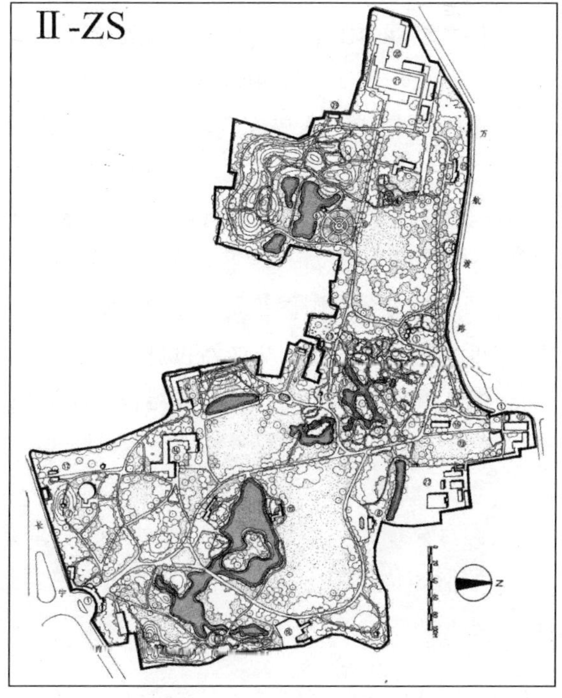

图 2-3-12　中山公园平面图

②平面图分析考察

山形水系：I 期由 14 处土山与日本园内的筑山、5 处水体（湖面与小河）构成、集中于南部，呈英国自然风景式山水与日式筑山并存的格局。II 期中，一方面是在西南角的新增园地、中部草坪的西、北部挖湖堆山，形成了新的山形水系；另一方面是将南部原有的数个水体连接，形成了一个完整的水系。山形水系由 16 处山体（其中 3 处为岛）与 8 处水体构成，在数量上有所增加。山面（20456m^2）与水面（15257m^2）均为 I 期（山面：10002m^2，水面：5974m^2）的近 2 倍，在面积上呈大幅增加。在形态上与 I 期相比，分布更为广泛，山体分布趋于水体周边，水体中新设了岛。可见山形水系在保留了英国自然风景式山水格局的同时，融入了中式山水风格，II 期中山形水系的营建与改建程度较高。

花坛：I 期由中部玫瑰园、西部与入口的玫瑰花坛所构成。主要的玫瑰花园虽然为整形式，但是玫瑰具有英式园林特色，而且在观赏品种上 1917 年达到了 165 种，可见属于英式玫瑰展示花园。II 期中，保留了西部玫瑰花园与入口花坛，增设了牡丹园（牡丹为中国国花）。由于玫瑰花园得以扩大，花面（944m^2）比 I 期（784m^2）增加了 160m^2，可以看出在强化的英式特征的同时增添了中国样式特征。

草坪：I 期只有中部的英国自然风景式大型草坪 1 片。II 期中，增设了西草坪，缩小了大型草坪，草面（38132m^2）只有 I 期（52160m^2）的 73.1%。草坪形态仍然趋于英国自然风景式，主要是由于中部水系扩大而减少了大型草坪的面积。

分析数据表 -1　　　　表 2-3-4

分析数据

		AH	AW	AF	AL	AA
FX	I期	2128	3122	8530	24456	1141
	II期	1706	2579	8107	20162	4354
	vs. I期	80.2%	82.6%	95.0%	82.4%	381.6%
ZS	I期	10002	5974	784	52160	1703
	II期	20456	15257	944	38132	7544
	vs. I期	204.5%	255.4%	120.5%	73.1%	442.9%

m^2

AH：山系平面面积　　AF：花坛面积
AW：水面面积　　AL：草坪面积　　AA：建筑类设施面积

	期	建造及存在时期	主要设施名称（备注）	设施类型与编号
中山公园（ZS）	I	1914-	中国亭	R-1
		(1914-1917)-	大型草坪	L-1
			土山	L-2
			玫瑰园	L-3
			儿童园	P-1
		1914-1930	园艺试验场	M-1
		1918-1935	茶室	R-2
		1918-1922	动物展览部	C-1
		(1918-1920)-	湖	L-4
			中国园	L-5
			日本园(筑山园与樱花林)	L-6
		1922-1962	动物园(由C-1转)	C-2
		(1924-1925)-	山地植物园	L-7
		(1924-1925)-1935	音乐台	C-3
		1927-1931	南营房	O-1
		1927-1940	北营房	O-2
		1930-	苗圃(由M-1转)	M-2
		1935-	大理石亭	C-4
	II	(1949-1960)-1962	水族馆	C-2-1
		(1949-1990)-	春在亭	R-3
			六角亭	R-4
			方亭	R-5
			樱花亭	R-6
		1951-	动植物标本展览馆	C-5
			阅览室	C-6
		1956-	牡丹园	L-7
			梅园	L-8
			桃园	L-9
			桂花林	L-10
			腊梅林	L-11
		1965-	电动游乐设施	P-1-1
		1965-1979	游泳池	S-1
		1979-	溜冰场（由S-1转）	S-2
		1980-	餐厅	SE-1
		1981-1987	小剧场	C-7
		1987-	游船	P-2
			舞厅(由C-7转)	SE-2

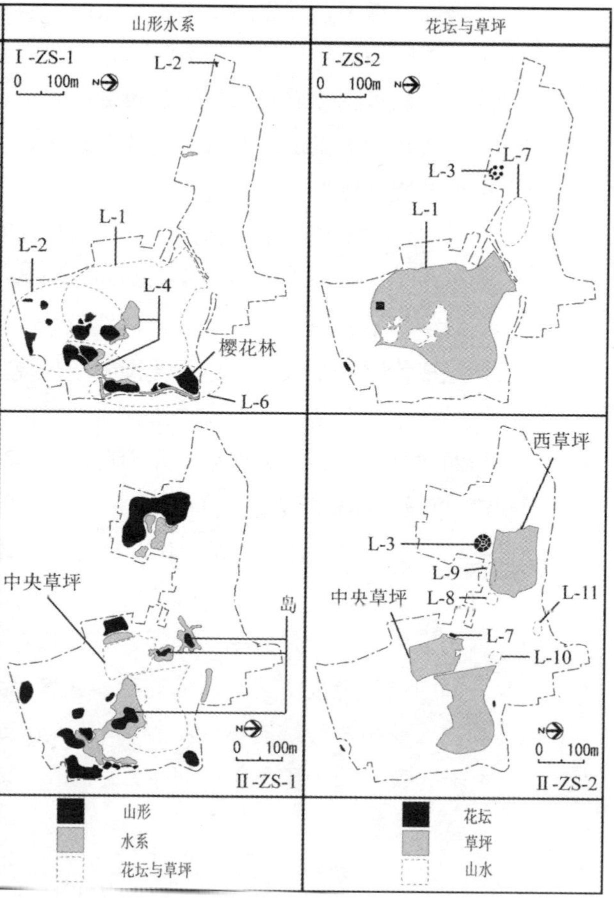

注释：
L- 修景设施　C- 教养设施
R- 休养设施　SE- 便利设施
P- 游戏设施　M- 管理设施
S- 运动设施　O- 其他设施

山形　水系　花坛与草坪
花坛　草坪　山水

图 2-3-13　中山公园设施构成变迁图 -1

建筑类设施：Ⅰ期由分布在园界的中国亭、音乐台、茶室与动物园所构成，呈中式休养与西式教养设施并存的格局。Ⅱ期中增设的亭（由西至东：春在亭、六角亭、方亭）与廊是中国传统园林中常见的园林建筑，分布在园内各处。水族馆、阅览室、展览馆、游戏设施、溜冰场、餐厅与舞厅则主要分布在园界。此外，建筑面积（$7544m^2$）几乎是Ⅰ期（$1703m^2$）的4倍。建筑设施数量增多，种类趋于丰富，园内大量增设了中式休养设施，局部园界大量增设了具有营利性的现代教养、休养娱乐类建筑设施。可见在保留了英式自然风景园的开阔特征的前提下，增加了中国传统园林中多见的回游空间。

园路：Ⅰ期中主要由连接入口与回游中部的主园路、连接园界设施的次园路与步道构成。主要园路均呈自然式，围绕英式自然风景式草坪与山地植物园，令人不禁遐想英国牧场风光。Ⅱ期中，园路主要是一方面增设了回游西部的主园路与网状步道；另一方面缩小了原回游中部的主园路，增设了连接园界设施的次园路。路长(9198m)是Ⅰ期（3165m）的近3倍，而路密（$423m/hm^2$）超过了Ⅰ期（$165m/hm^2$）的2倍多。此外，由Ⅰ期中带有一定曲率的悠缓、单调原野园路在Ⅱ期中被改造成富于变化的蛇形曲线园路，可以看出，受中国传统园林手法的影响园路形态趋于复杂，英式牧场风光在局部亦不复存在。

分析数据表 -2　　　　表 2-3-5

		LP	DP
FX	I期	6379	642
	II期	5064	570
	vs. I期	79.4%	88.8%
ZS	vs. FX I期	-	25.7%
	I期	3165	165
	II期	9198	423
	vs. I期	290.6%	257.1%
	vs. FX II期	-	74.3%

LP的单位是m、DP的单位是 m/hm²

LP：园路总长　　DP：园路密度

	期	建造及存在时期	主要设施名称（备注）	设施类型与编号
中山公园（ZS）	I	1914~	中国亭	R-1
		(1914~1917)	大型草坪	L-1
			土山	L-2
			玫瑰园	L-3
			儿童园	P-1
		1914~1930	园艺试验场	M-1
		1918~1935	茶室	R-2
		1918~1922	动物展览部	C-1
		(1918~1920)~	湖	L-4
			中国园	L-5
			日本园(筑山园与樱花林)	L-6
		1922~1962	动物园(由C-1转)	C-2
		(1924~1925)~	山地植物园	L-7
		(1924~1925)~1935	音乐台	C-3
		1927~1931	南营房	0-1
		1927~1940	北营房	0-2
		1930~	苗圃(由M-1转)	M-2
		1935~	大理石亭	C-4
	II	(1949~1960)~1962	水族馆	C-2-1
		(1949~1990)~	春在亭	R-3
			六角亭	R-4
			方亭	R-5
			樱花亭	R-6
		1951~	动植物标本展览馆	C-5
			阅览室	C-6
		1956~	牡丹园	L-7
			梅园	L-8
			桃园	L-9
			桂花林	L-10
			腊梅林	L-11
		1965~	电动游乐设施	P-1-1
		1965~1979	游泳池	S-1
		1979~	溜冰场（由S-1转）	S-2
		1980~	餐厅	SE-1
		1981~1987	小剧场	C-7
		1987~	游船	P-2
			舞厅(由C-7转)	SE-2

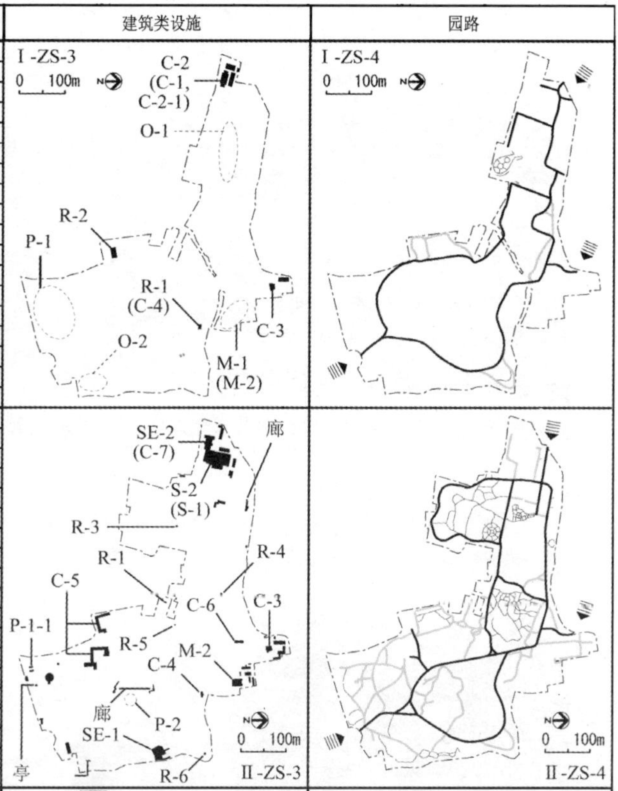

注释：L- 修景设施　C- 教养设施　R- 休养设施　SE- 便利设施　P- 游戏设施　M- 管理设施　S- 运动设施　0- 其他设施

建筑类设施

注释：（1）图中未注明编号的是小型基建管理设施

（2）标注名称的设施建造年代不详

主园路　次园路　步道　公园边界　入口

图 2-3-14　中山公园设施构成变迁图 -2

图 2-3-15　1918 年玫瑰园（上海市档案馆藏）

图 2-3-16　1918 年花菖蒲园（上海市档案馆藏）

图 2-3-17　1922 年动物园笼舍（上海市档案馆藏）

图 2-3-18　1920 年代公园疏林草坪一景（明信片，笔者收藏）

图 2-3-19　1930 年代公园河畔（明信片，笔者收藏）

图 2-3-20　1940 年代公园河畔（明信片，笔者收藏）

图 2-3-21　市民在中央草坪放风筝

图 2-3-22　玫瑰园

图 2-3-23 大理石亭与广场

图 2-3-24 中国亭

图 2-3-25 中国传统园路铺装

2.3.5 比较考察

(1) 文献调研结果的比较

在文献调查结果的比较中可以看出：

在整体的设施构成格局上，与复兴公园是以法式为主、英式与中式并存的园林格局相比，中山公园是以英式为主、中式与日式并存的园林格局，形成时期皆为1920年代。

Ⅱ期的设施整备皆集中在“文化大革命”以前与改革开放以后这两个阶段，主要是一方面充实了公园的休养娱乐机能，另一方面增添了公园的中国特色。与复兴公园侧重于增设中式教养设施相比，中山公园更侧重于增设中式修景设施。

(2) 山形水系

与复兴公园维持了Ⅰ期的中国自然式山水与法国整形式喷泉并存的格局相比，中山公园维持了英国自然风景式山水格局，在Ⅱ期中融入了中式山水风格。Ⅰ期中，中山公园的山体面积比例（以下简称山比、RH）（5.2%）是复兴公园（2.1%）的2倍多，水体面积比例（以下简称水比、RW）（3.11%）近于持平；Ⅱ期中山公园的山比（9.4%）是复兴公园（1.9%）的近5倍，水比（7.0%）超出复兴公园（2.9%）2倍多。由此可见中山公园更侧重于山形水系的营造，且Ⅱ期中对于山形水系改修明显。

(3) 花坛

与复兴公园维持了Ⅰ期的法式花坛构成格局、在Ⅱ期中突出体现了大型花坛的构成特征相比，中山公园则维持了Ⅰ期的英式花坛构成格局。Ⅰ期与Ⅱ期中，复兴公园的花坛面积比例(以下简称花比、RF)(Ⅰ期：8.6%，Ⅱ期：9.1%）均为复兴公园（Ⅰ期，Ⅱ期：0.4%）的20余倍。由此可见复兴公园更加侧重通过花坛的形式表现空间的特征。而中山公园则在Ⅱ期中增设了许多具有中国植栽特色的专类植物园。

(4) 草坪

与复兴公园维持了Ⅰ期的法国整形式与英国自然风景式草坪并存

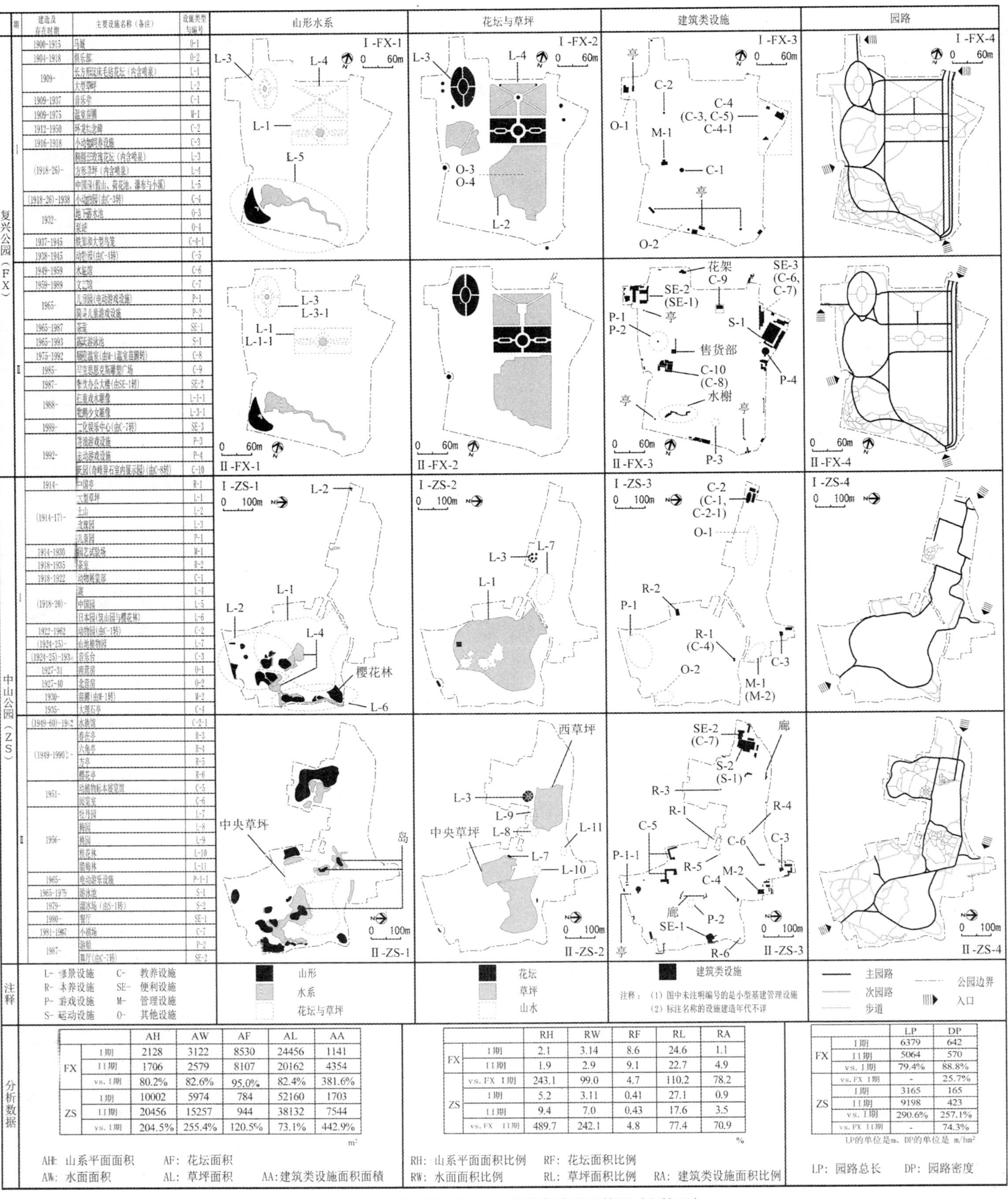

公园	期	建造及存在时期	主要设施名称（备注）	设施类型与编号
复兴公园（FX）	I	1900-1915	马厩	O-1
		1904-1918	俱乐部	O-2
		1909-	长方形沉床毛毡花坛（内含喷泉）	L-1
			大型草坪	L-2
		1909-1937	音乐亭	C-1
		1909-1975	温室苗圃	M-1
		1912-1950	环龙纪念碑	C-2
		1916-1918	小动物饲养设施	C-3
		(1918-26)-	椭圆形玫瑰花坛（内含喷泉）	L-3
			方形草坪（内含喷泉）	L-4
			中国园(假山、荷花池、瀑布与小溪)	L-5
		(1918-26)-1938	小动物园(由C-3转)	C-4
		1932-	地下蓄水池	O-3
			[illegible]	O-4
		1937-1945	铁笼和大型鸟笼	C-4-1
		1938-1945	动物园(由C-4转)	C-5
	II	1949-1959	水族馆	C-6
		1959-1989	文艺馆	C-7
		1965-	儿童园(电动游戏设施)	P-1
			简易儿童游戏设施	P-2
		1965-1987	茶室	SE-1
		1965-1993	露天游泳池	S-1
		1975-1992	展览温室(由M-1温室苗圃转)	C-8
		1985-	马克思恩格斯雕塑广场	C-9
		1987-	餐饮办公大楼(由SE-1转)	SE-2
		1988-	儿童戏水雕像	L-1-1
			抱鹅少女雕像	L-3-1
		1989-	文化娱乐中心(由C-7转)	SE-3
		1992-	激浪游戏设施	P-3
			运动游戏设施	P-4
			展园(奇峰异石室内展示园)(由C-8转)	C-10
中山公园（ZS）	I	1914-	中国亭	R-1
		(1914-17)-	大型草坪	L-1
			土山	L-2
			玫瑰园	L-3
			儿童园	P-1
		1914-1930	园艺试验场	M-1
		1918-1935	茶室	R-2
		1918-1922	动物展览部	C-1
		(1918-20)-	溪	L-4
			中国园	L-5
			日本园(筑山园与樱花林)	L-6
		1922-1962	动物园(由C-1转)	C-2
		(1924-25)-	山地植物园	L-7
		(1924-25)-193[illegible]	音乐台	C-3
		1927-31	南营房	O-1
		1927-40	北营房	O-2
		1930-	苗圃(由M-1转)	M-2
		1935-	大理石亭	C-4
	II	(1949-60)-19[illegible]	水族馆	C-2-1
		(1949-1990)-	春在亭	R-3
			六角亭	R-4
			方亭	R-5
			樱花亭	R-6
		1951-	动植物标本展览馆	C-5
			阅览室	C-6
		1956-	牡丹园	L-7
			梅园	L-8
			桃园	L-9
			桂花林	L-10
			腊梅林	L-11
		1965-	电动游乐设施	P-1-1
		1965-19[illegible]	游泳池	S-1
		1979-	溜冰场（由S-1转）	S-2
		1980-	餐厅	SE-1
		1981-19[illegible]7	小剧场	C-7
		1987-	游船	P-2
			舞厅(由C-7转)	SE-2

注释：
L- 修景设施　C- 教养设施
R- 休养设施　SE- 便利设施
P- 游戏设施　M- 管理设施
S- 运动设施　O- 其他设施

分析数据：

		AH	AW	AF	AL	AA
FX	I期	2128	3122	8530	24456	1141
	II期	1706	2579	8107	20162	4354
	vs. I期	80.2%	82.6%	95.0%	82.4%	381.6%
ZS	I期	10002	5974	784	52160	1703
	II期	20456	15257	944	38132	7544
	vs. I期	204.5%	255.4%	120.5%	73.1%	442.9%

m²

AH：山系平面面积　AF：花坛面积
AW：水面面积　AL：草坪面积　AA：建筑类设施面积面積

		RH	RW	RF	RL	RA
FX	I期	2.1	3.14	8.6	24.6	1.1
	II期	1.9	2.9	9.1	22.7	4.9
	vs. FX I期	243.1	99.0	4.7	110.2	78.2
ZS	I期	5.2	3.11	0.41	27.1	0.9
	II期	9.4	7.0	0.43	17.6	3.5
	vs. FX II期	489.7	242.1	4.8	77.4	70.9

%

RH：山系平面面积比例　RF：花坛面积比例
RW：水面面积比例　RL：草坪面积比例　RA：建筑类设施面积比例

		LP	DP
FX	I期	6379	642
	II期	5064	570
	vs. I期	79.4%	88.8%
	vs. FX I期	-	25.7%
ZS	I期	3165	165
	II期	9198	423
	vs. I期	290.6%	257.1%
	vs. FX II期	-	74.3%

LP的单位是m、DP的单位是 m/hm²

LP：园路总长　DP：园路密度

图 2-3-26　复兴公园与中山公园的空间变迁比较图（文献 22）

的草坪构成格局相比，中山公园维持了Ⅰ期的英国自然风景式草坪构成格局。Ⅰ期中，中山公园的草坪面积比例(以下简称草比、RL)(27.1%)略高于复兴公园（24.1%）。Ⅱ期中，中山公园的草比（17.6%）与复兴公园（22.7%）均有所下降，而中山公园更为明显。可见中山公园在Ⅱ期中与草坪相比更加侧重于山形水系的营造。

（5）建筑类设施

Ⅰ期中，2个公园皆呈中式休养与西式教养设施并存的建筑设施构成格局。Ⅱ期中，2个公园都大量增设了具有营利性的现代休养娱乐类建筑设施。此外，与复兴公园侧重于增设中式教养设施相比，中山公园更侧重于增设中式休养设施。2个公园的建筑设施面积比例（以下简称建比、RA）（复兴公园：4.9%，中山公园：3.5%）均为Ⅰ期（复兴公园：1.1%，中山公园：0.9%）的近4倍，建筑设施数量增多、种类趋于丰富。与复兴公园侧重于局部园地开发相比，中山公园更侧重于局部园界开发。

（6）园路

与复兴公园维持了Ⅰ期入口大道、整形式与自然式园路并存的园路构成格局相比，中山公园虽然维持了Ⅰ期的自然式园路构成格局，但是园路形态趋于复杂。Ⅰ期中，复兴公园的路密（642m/hm^2）是中山公园（165m/hm^2）的近4倍，但是在Ⅱ期中中山公园的路密（423m/hm^2）达到了复兴公园（570m/hm^2）的74.3%。可见Ⅱ期的中山公园更侧重于园路的改修。

分析数据表－3 表2-3-6

		RH	RW	RF	RL	RA
FX	Ⅰ期	2.1	3.14	8.6	24.6	1.1
	Ⅱ期	1.9	2.9	9.1	22.7	4.9
ZS	vs. FX Ⅰ期	243.1	99.0	4.7	110.2	78.2
	Ⅰ期	5.2	3.11	0.41	27.1	0.9
	Ⅱ期	9.4	7.0	0.43	17.6	3.5
	vs. FX Ⅱ期	489.7	242.1	4.8	77.4	70.9

%

RH：山系平面面积比例　RF：花坛面积比例
RW：水面面积比例　RL：草坪面积比例　RA：建筑类设施面积比例

2.3.6 结论

中山公园的Ⅱ期中，在山形水系、草坪与园路这3个构成要素上与复兴公园比较而言变化明显，这些亦是呈现英国自然风景式特征的设施。如果比较图2-3-12中的中山公园Ⅱ期平面图的话，我们可以看出各个要素的形态变化以及各个要素之间的相互关系变化集中在公园东侧。具体来说，山水体系被从草坪分离出来，形成微地形的土山被缩小，小河与水池被聚集成一个大型湖面，中间设置了岛屿。中央草坪由于山水体系的扩大而被缩小，同时被园路分割为东西两片。园路也由于上述要素的改变以及建筑类设施的增设而从带有一定曲率的悠缓、单调原野园路被改变为富于变化的蛇形曲线园路。整体上来看，英式牧场特征弱化，增加了中国传统园林特征。在与同属自然式的中国传统园林样式的融合过程之中，英国风景式（中山公园）较法国整形式（复兴公园）而言容易受到改变，换而言之整形设施较为容易保存。此外，就公园的服务对象以及管理主体来看，经历了由欧美人（Ⅰ期）转变为中国人（Ⅱ期）的过程，而空间构成也随着他们的嗜好而改变。

本研究得出以下结论：(1) 2个公园以租界公园为前身，并存多种园林样式。1920年代，复兴公园为法英中折中、中山公园为英中日折中，反映了租界文化的多样性。(2) 2个公园作为中国现代公园，在“文化大革命”前与改革开放后，增设了游憩设施的同时增添了中国特色。(3) 中华人民共和国时代，中山公园的英式修景设施较复兴公园的法式修景设施而言改修明显，且中山公园的中式修景设施的增设显著，这源于英、法两国的园林样式在与中国传统园林样式的融合过程中的相异性。

结语

作为近代园林资源的上海原租界公园，在其百余年的历史之中肩负了上海城市基础设施的重任。如何正确识别其历史性及复合文化性价值，又如何去保护以及使其更好地服务于下一代，这是我们的课题。此外，在解读近代园林的过程中，深感对于传统园林以及现代园林的理解是必不可少的。另一方面，作为海派园林的上海园林特色的延续也应该是在传统园林的基础上融合地方历史风格（豫园、秋霞圃等）、适当的点缀海外元素（原租界公园等）。

本章内容主要来源于笔者的博士学位论文《有关于上海租界公园空间变迁的研究》（张安，2011 年 1 月，日本千葉大学）。另外两个具有代表性的原租界公园、黄浦公园与襄阳公园的空间变迁由于篇幅原因只能在此割爱。

谢词

首先感谢日本千叶大学园艺学研究科环境造园设计专业的章俊华教授给予我研究本课题的机会，感谢在硕士、博士阶段给予我的良好研究环境以及谆谆教导。

感谢北京林业大学的孟兆祯院士与杨赉丽教授将我领入园林之门，感谢他们无私给予的关怀与帮助。感谢上海租界园林的研究前驱者、《中国园林》主编工绍增教授给予的资料提供以及论文指导，他的硕士论文《上海租界园林》一书是我在遇到困难时的精神支柱。

张安

2011 年 2 月于千叶松户

参考文献

[1] 王绍增．上海租界园林．北京林学院，1982：79.

[2] 上海园林志编纂委员会．上海园林志．上海：上海社会科学出版社，2000：732.

[3] 上海租界志编纂委员会．上海租界志．上海：上海社会科学出版社，2001：758.

[4] 上海公共租界工部局．上海公共租界工部局年报（1867-1943）．上海市档案馆藏．

[5] 上海法租界公董局．上海法租界公董局年报（1908-1942）．上海市档案馆藏．

[6] 柳五郎．上海公共租界公园．造园杂志 48(5)．日本造园学会，1985:7-12.

[7] 华以友主编．跨越世纪——鲁迅公园建园百年纪念文集．上海：华东理工大学出版社，1995：113.

[8] 张士心．鲁迅公园的景观特征．中国园林 12（4），1996：27-29.

[9] 张志恩．鲁迅公园的历史沿革与历史评价．中国园林 12（4），1996：22-24.

[10] 上海体育志编纂委员会．上海体育志．上海：上海社会科学出版社，1996 ：740.

[11] 上海文物博物馆志编纂委员会．上海文物博物馆志．上海社会科学出版社，1997：510.

[12] 虹口区志编纂委员会．虹口区志．上海社会科学出版社，1999：1220.

[13] 上海城市规划志编纂委员会．上海城市规划志．上海社会科学出版社，1999：702.

[14] 周在春．鲁迅公园布局浅谈，1995：32.

[15] 李敏．中国现代公园．北京科技出版社，1987：112.

[16] Л．Б．Лунц 著， 朱钧珍等译．绿化建设．中国工业出版社，1965：432.

[17] 张安，章俊华．有关于上海鲁迅公园空间构成变迁及其特征的研究．日本造园学会全国大会论文集 72(5)，2009：595-600.

[18] 顾芳，曹宏伟，朱铭莺．用人文和谐的理念重放老公园的光彩．中国园林 9（19)，2009：65-68.

[19] 卢湾区志编纂委员会．卢湾区志．上海社会科学出版社，1998：1238.

[20] 长宁区志编纂委员会．长宁区志．上海社会科学出版社，1998：1233.

[21] 針ヶ谷鐘吉．西洋造园变迁史．诚文堂新光社，1977：379.

[22] 张安，章俊华．有关于上海复兴公园与中山公园设施构成变容过程的比较研究．日本造园学会全国大会论文集 73(5)，2010：453-458.

3.1 颐和园砖雕与庭园空间表现及特征研究

3.1.1 生活空间的表现和特征

3.1.2 宗教庆典空间的表现和特征

3.1.3 政治空间的表现和特征

3.1.4 娱乐空间的表现和特征

3.1.5 游赏空间的表现和特征

3.2 颐和园长廊人物彩画与空间特征研究

3.2.1 从文学作品看长廊人物彩画与空间特征

3.2.2 从典故年代看长廊人物彩画与空间特征

3.2.3 从分布场所看长廊人物彩画与空间特征

3.3 颐和园植物花语与庭园空间表现及特征研究

3.3.1 东宫门/仁寿殿

3.3.2 景福阁/益寿堂、玉澜堂、乐寿堂

3.3.3 谐趣园、写秋轩

3.3.4 画中游、听骊馆

3.3.5 排云殿、排云门、云松巢（邵窝殿）

3 颐和园庭园空间研究

章俊华（张云路 译）

3.1 颐和园砖雕与庭园空间表现及特征研究

前言

颐和园是在中国三千年的庭园建造历史中最后一座运用传统材料及手法的皇家园林。颐和园不仅仅体现了精湛的造园艺术，同样能够看到园林建筑细部精致华美的装饰。而砖雕则是一种与庭园景色非常协调的中国传统装饰技术。砖雕艺术不但作为美化建筑的材料，同时对于庭园空间的表现也有很大的影响。就砖雕的纹样来说，与所在庭园空间的氛围相融合是它表现的重点。通过砖雕纹样的理解，能够对中国庭园空间的精神世界更深入地了解。关于颐和园的以往研究成果大多数是根据资料所作的历史研究和依据现场调查而进行的有关于景观形成、匾额、屋顶或利用者等庭园空间特征和利用情况的研究。以往的研究成果包含颐和园砖雕的艺术特征、技法及现实意义的研究。另外还有关于颐和园砖雕纹样名、砖雕所在位置、含义、尺寸等完整的研究。本节主要以现场调查结果为依据，基于颐和园砖雕纹样含义的理解，研究砖雕所在庭园空间的表现与特征。

调查方法

2005 年 3 月 1 日～ 18 日期间，数次访问北京市园林局、北京颐和园管理处。对颐和园相关文献和资料进行查阅，在此期间，以《颐和园砖雕艺术》为基本资料，并参考《吉祥图案》这一本资料书进行研究。颐和园被认为是中国庭园中砖雕最多的一个庭园。园内的 32 个装饰有砖雕的景点中的砖雕共有 1300 处。通过现场的勘查，我们选择其中的 645 处作为研究对象。调查的内容包含砖雕的分布范围、场所、尺寸、纹样和寓意等。同年 7 月 4 日～ 8 日、9 月 12 日～ 16 日进行 2 次补充调查。各景点中的砖雕数量调查统计见下表。

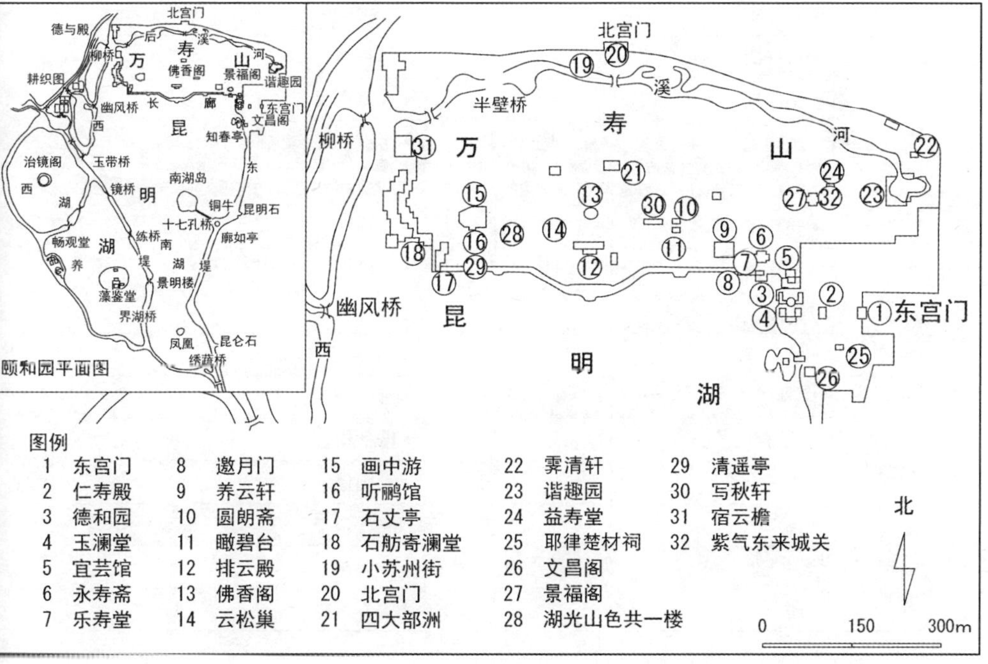

颐和园中砖雕分布图

各景点中砖雕数量统计表

No.	景点名	数量	No.	景点名	数量
1	东宫门	9	9	养云轩	21
	• 东宫门	5		• 养云轩	11
	• 北九卿	3		• 无尽意轩	5
	• 南九卿	1		• 福荫轩	5
2	仁寿殿	21	10	圆朗斋	5
	• 仁寿殿	21		• 圆朗斋	5
3	德和园	39	11	瞰碧台	21
	• 德和园	11		• 瞰碧台	6
	• 颐乐殿	22		• 介寿堂	15
	• 庆善堂	6	12	排云殿	53
4	玉澜堂	43		• 排云殿	51
	• 玉澜堂（门）	26		• 德辉殿	2
	• 霞芬室	6	13	佛香阁	21
	• 藕香榭	4		• 佛香阁	7
	• 夕佳楼	6		• 香海真源	3
	• 东穿堂	1		• 西哑巴院	11
5	宜芸馆	51	14	清华轩	36
	• 宜芸馆	40		• 清华轩	18
	• 道存斋	11		• 云松巢	13
6	永寿斋	12		• 邵窝殿	5
	• 永寿斋	12	15	画中游	17
7	乐寿堂	40		• 画中游	5
	• 乐寿堂	22		• 借秋楼	10
	• 水木自亲	15		• 爱山楼	2
	• 扬仁风	3	16	听鹂馆	16
8	邀月门	3		• 听鹂馆	5
	• 邀月门	3		• 贵寿无极	11

No.	景点名	数量
17	石丈亭	11
	•石丈亭	3
	•金枝秀华	1
	•西一所	4
	•西二所	3
18	石舫寄澜堂	23
	•石舫寄澜堂	14
	•斜门	3
	•穿堂殿	6
19	小苏州街	53
	•延清赏楼	7
	•五圣祠	10
	•迎旭楼	5
	•澄怀阁	6
	•贝阙门	4
	•德兴殿	12
	•半壁桥	1
	•北如意门	2
	•清可轩	5
	•寒心亭	1
20	北宫门	5
	•北宫门	5
21	四大部洲	32
	•香岩宗印之阁	13
	•眺远斋	19
22	•霁清轩	31
	•清琴峡	31
23	谐趣园	21
	•谐趣园	4
	•知春堂	5
	•引镜	4
	•曙新楼	7
	•搜云亭	1
24	益寿堂	20
	•益寿堂	13
	•松春斋	7
25	耶律楚材祠	4
	•耶律楚材祠	4
26	文昌阁	30
	•文昌阁	24
	•龙王庙	4
	•涵虚堂	1
	•南湖岛	1
27	景福阁	1
	•景福阁	1
28	湖光山色共一楼	1
	•湖光山色共一楼	1
29	清遥亭	1
	•清遥亭	1
30	写秋轩	1
	•写秋轩	1
31	宿云檐	2
	•宿云檐	2
32	紫气东来城关	1
	•紫气东来城关	1

砖雕

在中国的建筑中使用的砖雕最初是模仿石材雕刻，只不过与石材雕刻比较，加工容易，成本较低。并且因为综合了石材雕刻的耐久性和木材雕刻的精巧性，而得以广泛使用。以中国宋朝《营造法式》为代表的建造类名著具体地记载了砖雕的做法。从元朝开始，砖雕技术开始兴盛，从元大都遗址出土的动物纹样和花纹样的砖雕来看，从那时起，雕刻着纹样的砖就已经开始用作装饰了。在这以后，明代的砖造及砖雕已经达到一个相当精巧的水平。而到了清朝，这项技术得到长足的发展，已经将这门技术称之为“凿花”，这个行业的工作者被称为“凿花匠”。从这个时期开始，砖雕进入了全面发展的时代。因为做法精巧、题材丰富，可谓：虽由人作，巧夺天工。在中国南方，精巧的砖雕出自于苏州和徽州，特征是做法精巧。而在北方，山西省是砖雕的发祥地，因为它的特征是大气，经常被富人家所使用。在这之后，这样大气的砖雕传到京城，用来装饰皇家宫殿等建筑，所以慢慢地它也成为“官式”的砖雕技法。

颐和园的前身清漪园是在当时清朝鼎盛时代的乾隆朝建成的，从乾隆十五年（1750 年）开始建造，到乾隆二十九年（1764 年）建成。但在清咸丰十年（1860 年），被英法联军所烧毁。现在的建筑是在清光绪二十四年（1898 年）在慈禧太后的主持下进行修复的，由此改名为颐和园。在清漪园时期，整个庭园主要是作为皇家园林而建造，所以砖雕的纹样构图十分考究，砖雕加上精致的处理，呈现一种端正、典雅、祥瑞的风格。清朝晚期对颐和园的修复在建筑样式上基本按照清漪园的原型进行保存，而砖雕纹样也与清漪园当时的氛围相调和。清漪园保留下来的砖雕到现在留有 143 处，主要集中在文昌阁、仁寿殿、养云轩、霁清轩等地方。颐和园与清漪园相比，虽然砖雕的纹样基本没有变化，但是宗教元素的纹样减少，牡丹、菊等吉祥纹样增多。

在颐和园中的砖雕使用方法也有显著的特征。总的来说，园内的大部分砖雕主要用于装饰建筑的基础结构，也用于宝顶、支架和一些内部结构。颐和园建筑中的砖雕所在区域一共有 15 处。为了让湿气和高温空气能够经过柱子的周边释放，作为建筑基础外壁的通风口，砖雕经常在这个部位被应用，一共有 557 处，占全体的 86%，是被应用最多的地方。

使用砖雕的建筑各部位

NO.	场所名	功能	数量
1	通风口	湿气、高温气体通过	557
2	花盘炼瓦	用来装饰表壁的砖瓦	11
3	掛檐板	轩下支撑	4
4	栏板	栏杆板	2
5	望柱	门前的高柱	1
6	影壁	正门进入所对壁面	3
7	山花	传统建筑两侧的壁	2
8	花板	修饰外壁的板	12
9	门楣	户门上方的横木	3
10	背饰	屋顶装饰	2
11	宝顶	皇帝宫殿屋顶	12
12	门券	门两侧下部突出	1
13	花池	花坛	13
14	扶手墙	护身栏杆及装饰	32
15	墙垛	突出部分	1

砖雕的纹样（图案）

颐和园的砖雕装饰纹样（图案）基于传统的吉祥图案，在宫廷专业工匠反复的研究过程中已经提炼出一套做法规章，可谓中国传统砖雕的极品，也是集传统砖雕纹样制作规范的大成。作为一种独特的装饰艺术，砖雕图案的内容、主题当然也是以宫廷为中心，根据皇室的喜好而决定。颐和园的砖雕纹样一共 89 种，图案主要是花草、动物、几何学图案和它们之间的组合。

花草图案：菊（万寿菊）、竹、兰花、牡丹、忘忧草、莲花、海棠等。

动物图案：鹭、蝙蝠、龟、鲤鱼、鸳鸯、金鱼等。

几何学图案：回字纹、万字纹、如意纹、云纹等。

花草与动物图案：鲤鱼—莲花、梅—马、菊—鸟、蝙蝠—桃等。

花草与几何学图案：菊—寿石、牡丹—锦带、宝瓶—海棠—牡丹等。

上面的内容也存在相互交错，形成和谐的构图，也含有吉祥的寓意。这样的表现方法各种各样，十分丰富，而每种形式都有自己的暗喻。下表中的第 16 号葫芦，因为它属于爬藤植物，长势茂盛，枝繁叶茂，因此被喻为“子孙万代”。另外，发音相似的比喻法也被运用。比如鸟兽、花草、器具等相似发音的组合用来引出深层的含义。比如菊 (ju) 和黄雀 (huang-que) 的发音配合就与“举家欢庆”(ju-jia-huan-qing) 的发音相似。当然，借音和暗喻两方使用的案例也有。玉兰、海棠和牡丹（富贵的寓意）的组合就体现“玉堂富贵”的含义。万字纹（万岁的含义）、丸寿万字（万寿无疆的含义）和蝙蝠（福的含义）组合就能够体现“福寿无疆”的含义。颐和园是为了满足清代皇帝追求物质生活和精神生活的高度调和而建造的庭园。

颐和园砖雕纹样

No.	纹样名	寓意	No.	纹样名	寓意
1	菊	长寿	28	桃花	春
2	兰	人格高尚	29	莲花	清廉
3	竹	年轻有为	30	八吉祥	仙人来临、吉祥如意
4	莲	清廉	31	梅花	忍耐
5	鲤	吉祥、余裕	32	菊·鸟	阖家欢乐
6	龟	龙的儿子	33	莲叶	清洁
7	罐	福智圆满	34	松枝	不惧严寒
8	龙	二龙戏珠	35	万字纹	万岁
9	云	清遥亭宝顶	36	鳖甲锦	长寿
10	胡桃	三元及第	37	菱花	国家太平、国民平安
11	法轮	菩萨果、妙音吉祥	38	柿带纹	满足愿望
12	牡丹	富贵	39	护身符	天禄赐福
13	海棠	满堂	40	双笔管	长寿
14	水仙	群仙人	41	佛手柑	福寿满堂
15	卷草	永不停息	42	忘忧草	多子多孙
16	葫芦	子孙万代	43	蝙蝠·桃	福寿
17	灵芝	如意	44	梅·寿石	预告春
18	菖蒲	吉祥	45	菊·寿石	健康长寿
19	鸳鸯	夫妻圆满	46	蝙蝠·花	福寿吉祥
20	玉兰	清新、春来到	47	锦地菊	锦上添花
21	荔枝	三元及第	48	鸟·牡丹	富贵
22	宝伞	伸缩自在、保护众生	49	蝙蝠·磬	太平、吉祥
23	金鱼	坚固、活泼、幸福、辟邪	50	蔷薇花	花的王妃
24	盘长	一切通明	51	吉祥花	吉祥的象征
25	茶花	春	52	莲·菖蒲	根深繁盛
26	蔓草纹	连绵不断	53	蝙蝠·云	福寿吉祥
27	万寿菊	长寿	54	四季如意	年中如意

续表

No.	纹样名	寓意	No.	纹样名	寓意
55	云·卷草	永远上升	72	鸳鸯·莲花	试验合格
56	八吉祥等	仙人来临、吉祥如意	73	时计草卷模样	连绵不断
57	鲤·莲花	裕福	74	莲花·菖蒲	根深繁茂
58	牡丹·寿石	富贵长寿	75	八吉祥荣螺	吉祥如意
59	西洋风卷草	连绵不断	76	阴八仙人笛	仙人来临、喜贺吉祥
60	蝙蝠·宝扇	八仙中的一人、吉祥	77	忘忧草、寿石	对男性有益、长寿
61	菊·万字纹	万寿无疆	78	阴八仙人的葫芦	仙人来临、喜贺吉祥
62	丸寿万字纹	万寿无疆	79	阴八仙人的木鱼	仙人来临、喜贺吉祥
63	牡丹·寿石	长寿富贵	80	阴八仙人的团扇	仙人来临、喜贺吉祥
64	蝙蝠·如意	福寿如意	81	阴八仙人的宝剑	仙人来临、喜贺吉祥
65	八吉祥的瓶	成功、名誉、实利	82	寿字·斜万字纹	万寿无疆
66	八吉祥的鱼	坚固、活泼、幸福、辟邪	83	八吉祥的莲花	清洁
67	八吉祥的轮	佛法轮回、生命连绵不断	84	阴八仙人的莲花	仙人来临、喜贺吉祥
68	八吉祥的盖	伤病治愈	85	阴八仙人的阴阳板	仙人来临、喜贺吉祥
69	牡丹	富贵平安	86	蝙蝠·如意·绶带	福寿如意
70	蝙蝠·绶带	福寿吉祥	87	蝙蝠·丸寿万字纹	福寿无疆
71	轮回法则	妙音吉祥	88	宝瓶·海棠·牡丹	富寿平安

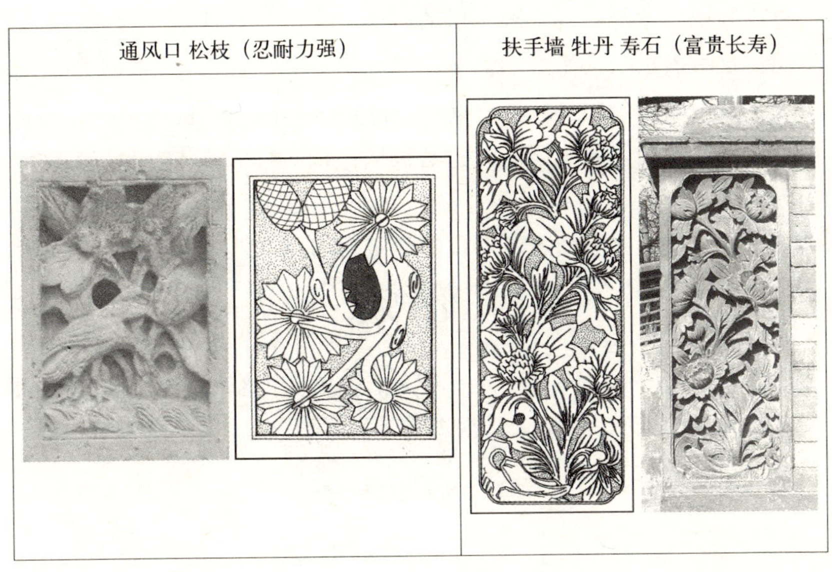

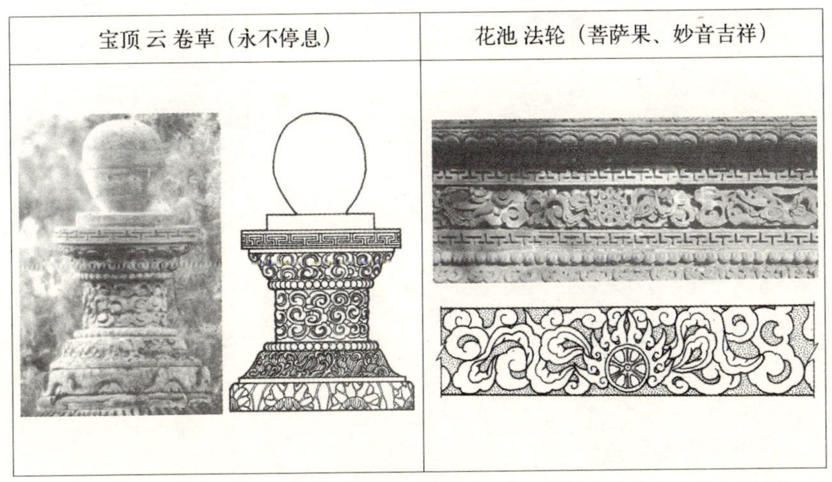

颐和园的砖雕

砖雕与庭园空间表现及特征

砖雕是中国古代科学技术的产物，也是古代文化艺术的成果。作为建筑装饰艺术的一种，颐和园的砖雕反映了一个时期统治者的审美意识、政治需求，甚至生活需要。呈现出一种“看不见”的空间表现形式，这里区分公园与庭园之间差异的最大不同点，也是东西方园林在本质上存在的差异点，同时也是包括：日本、韩国在内的东方庭园魅力、奥妙所在。对中国园林深层次的挖掘与理解成为未来更好继承、发展传统园林空间表现形式的最重要的源点之一。为此本节通过砖雕纹样特色的研究，对于中国庭园，可以从另一个侧面更加深入地理解庭园空间的表现和特征。本研究根据周维权先生的学说，将颐和园分成5个类型的空间，即：生活空间、宗教庆典空间、政治空间、娱乐空间和游赏空间，以此为依据进行分类考察。

颐和园的庭园空间类型

空间类型	景点名	空间类型	景点名
生活的空间	4 玉澜堂	游赏的空间	8 邀月门
	5 宜芸馆		9 养云轩
	6 永寿斋		10 圆朗斋
	7 乐寿堂		11 瞰碧台
	24 益寿堂		17 石丈亭
娱乐的空间	3 德和园		18 石舫寄澜堂
	15 画中游		19 小苏州街
	16 听鹂馆		20 北宫门
政治的空间	1 东宫门		22 霁清轩
	2 仁寿殿		23 谐趣园
宗教·庆典的空间	12 排云殿		25 耶律楚材墓
	13 佛香阁		27 景福阁
	14 清华轩		28 湖光山色共一楼
	21 四大部洲		29 逍遥亭
	26 文昌阁		30 写秋轩
	31 宿云檐		32 紫气东来城关

3.1.1 生活空间的表现和特征

颐和园的生活空间主要是以玉澜堂为中心，含有宜芸馆、永寿斋、乐寿堂、益寿堂等。在生活空间内，应用最多的纹样是菊（代表长寿），一共有59处，占整体的35.5%。其次是莲花（代表清廉）和万寿菊（代表长寿），这两种各站25处（15.1%）。另外牡丹（代表富贵）占17处（10.2%）。整个生活空间合计占整体的76%。

光绪帝的寝殿玉澜堂（玉澜堂、霞芬室、藕香榭、夕佳楼、东穿堂）主要使用“长寿”（菊）、“人格高尚”（兰）、“春来到”（玉兰）、“如意”（灵芝）、“举家欢庆”（菊·鸟）等纹样，体现了皇帝追求物质生活与精神世界的高度调和。另外，皇宫中的嫔妃居住的宜芸馆主要使用“子孙万代”（葫芦）、“坚韧不屈”（梅花）、“榜上有名”（胡桃）、“花的王妃”（蔷薇花）、“根繁叶茂”（莲花、菖蒲）等纹样。在慈禧太后居住的乐寿堂（乐寿堂、水木自清、扬仁风）主要有象征“富贵吉祥，健康长寿”的牡丹和菊花，象征“福寿吉祥”的蝙蝠和云，而其他居住区主要使用万寿菊和海棠。永寿斋是慈禧太后的受宠宦官李莲英的住处，在这里砖雕花纹主要是莲的果实和莲的花朵，象征“一品清廉，公正”。总结起来，在生活空间中使用的基本都是表达“长寿、清廉、富贵和多子多孙”等寓意。在反映物质生活和精神生活的同时，也根据使用生活空间的人的不同，从砖雕中看到庭园空间的表现呈现各式各样的特征。

3.1.2 宗教庆典空间的表现和特征

颐和园的宗教庆典空间主要以万寿山前山为中心，包括排云殿、佛香阁、清华轩、四大部洲、宿云檐及东宫门西南侧的文昌阁。在这里面，运用最多的砖雕纹样是象征长寿的菊花，一共有52处，占全体的30.1%。接下来，象征富贵的牡丹，共有21处（占12.1%），象征清廉的莲花，共有18处（占10.4%），万字纹，象征万岁，有13处（占7.5%）。以上几类合计超过全体的60%。

生活空间的砖雕统计表

No.	纹样名	分布的景点	场所	数量
1	菊	玉澜门、霞芬室、藕香榭、夕佳楼、东穿堂、宜芸馆、道存斋、永寿斋、水木自亲、乐寿堂、扬仁风、益寿堂、松春斋	通风口、花盘炼瓦	59(35.5%)
2	竹	宜芸门、乐寿堂、益寿堂	通风口	3(1.8%)
3	兰	宜芸门、霞芬室、水木自亲、乐寿堂	通风口	4(2.4%)
4	牡丹	乐寿堂、玉澜堂、霞芬室、宜芸馆、永寿斋、水木自亲、松春斋	通风口、花盘炼瓦	17(10.2%)
5	胡桃	道存斋	通风口	1(0.6%)
6	玉兰	夕佳楼	通风口	1(0.6%)
7	葫芦	道存斋、宜芸门	通风口，花盘炼瓦	3(1.8%)
8	灵芝	宜芸门、玉澜堂、乐寿堂	通风口	4(2.4%)
9	海棠	宜芸馆、乐寿堂	通风口	2(1.2%)
10	梅花	宜芸馆	通风口	2(1.2%)
11	莲花	夕佳楼、玉澜门、霞芬室、宜芸馆、道存斋、永寿斋、水木自亲、乐寿堂、益寿堂、松春斋	通风口	25(15.1%)
12	菊·鸟	夕佳楼	通风口	1(0.6%)
13	松枝	玉澜门、道存斋	通风口	3(1.8%)
14	万寿菊	玉澜门、藕香榭、宜芸馆、永寿斋、水木自亲、乐寿堂、扬仁风、益寿堂、松春斋	通风口	25(15.1%)
15	桃花	永寿斋、乐寿堂、益寿堂	通风口	9(5.4%)
16	蝙蝠·云	乐寿堂	通风口	1(0.6%)
17	蔷薇花	藕香榭、宜芸馆	通风口	2(1.2%)
18	莲花·菖蒲	宜芸馆	通风口	3(1.8%)
19	八吉祥的莲花	永寿斋	通风口	1(0.6%)

排云殿（排云殿、德辉殿）是慈禧太后祈求长寿幸福的场所。主要砖雕有象征福寿从天而降的“福智圆满”（罐）、“福寿如意”（蝙蝠·如意）等纹样。还有象征“菩萨保佑”的菩萨果、“妙音吉祥”（法轮）、“仙人来临,吉祥如意”（八吉祥）等。另外,“福寿吉祥”（蝙蝠·绶带）、“仙人来临，喜贺吉祥”（八仙的笛、扇子、宝剑、木鱼、阴阳板）等纹样也用于装饰。另外，万寿山上高38m的八角三层四重的佛香阁使用“长寿”（菊）、“满堂”（海棠）、“群仙人”（水仙）、“如意”（灵芝）等砖雕纹样。再者，模仿乾隆朝时期的杭州净慈寺而建的清华轩也使用“人格高尚”（兰）、“持之以恒”（卷草）、“富贵到老”（鸟·牡丹）、“多子多福”（忘忧草）等砖雕纹样。以佛教中的地（方形）、火（三角形）、风（半月形）、水（圆形）四大原型为依据建造的四大部洲（四大部洲、香岩宗印之阁、眺望斋等）装饰有“愿望实现”（柿带纹）、“国泰民安”（菱花）、“爱情专一，长寿”（忘忧草，寿石）、“根深叶茂”（莲·菖蒲）等纹样。基于在眺远斋的扶手、壁芯使用的砖雕主要是简洁含义的“万寿无疆”（万字纹）,相对的在建筑转角处主要是精雕细刻的象征“富贵”的牡丹纹样。正是这样的布局让简洁和繁杂的砖雕有了鲜明对比，同时扶手处的布局次序也被保存下来。在文昌阁（文昌阁、龙王庙、涵虚堂、南湖岛）中使用的“清廉”（莲）、“太平吉祥”（蝙蝠·磬）、“年年如意”（四季如意）、“佛法轮回，生命永恒”（八吉祥的轮）、“吉祥如意”（八吉祥的荣螺）等砖雕纹样。而宿云檐的宝顶上使用“清遥亭宝顶”（云）的纹样。文昌阁中主要是祭奠着文昌帝君的像，宿云檐供奉着关帝的像，象征文武双全。因此，可以总结出佛教八宝的宗教空间和长寿、福寿的庆典空间的特征。这样的建筑装饰主要是为了让湿气和高温气体能够通过柱的周边释放，不仅仅是在通风口，宝顶、花池、扶手墙和天花板也有装饰，这些地方都对庭园空间的表现有很大的影响，也能反映出宗教礼仪和风俗习惯。

宗教庆典空间的砖雕统计表

No.	纹样名	分布的景点	场所	数量
1	菊	排云殿、德辉殿、香海真源、佛香阁、西哑巴院、清华轩、云松巢、邵窝殿、香岩宗印之阁、眺远斋、文昌阁、龙王庙、涵虚堂	通风口	52（30.1%）
2	云	宿云檐	宝顶	1（0.6%）
3	兰	清华轩、香岩宗印之阁、文昌阁	通风口	4（2.3%）
4	罐	排云殿	花池	1（0.6%）
5	海棠	佛香阁	通风口	1（0.6%）
6	金鱼	排云殿	花池	1（0.6%）
7	水仙	西哑巴院	通风口	2（1.2%）
8	宝伞	排云殿	花池	2（1.2%）
9	盘长	排云殿	花池	1（0.6%）
10	法轮	排云殿	花池	1（0.6%）
11	卷草	云松巢	通风口	2（1.2%）
12	灵芝	西哑巴院	通风口	1（0.6%）
13	牡丹	佛香阁、排云殿、西哑巴院、清华轩、香岩宗印之阁、眺远斋、文昌阁	通风口	21（12.1%）
14	梅花	香岩宗印之阁	通风口	1（0.6%）
15	菊·鸟	香岩宗印之阁、龙王庙	通风口	2（1.2%）
16	柿蒂纹	眺远斋	扶手墙	1（0.6%）
17	莲叶	文昌阁	通风口	1（0.6%）
18	莲花	排云殿、佛香阁、清华轩、云松巢、香岩宗印之阁、文昌阁	通风口、花池	18（10.4%）
19	菱花	眺远斋	扶手墙	2（1.2%）
20	万寿菊	眺远斋、南湖岛	扶手墙	2（1.2%）
21	万字纹	排云殿、清华轩、云松巢、邵窝殿、香岩宗印之阁、文昌阁	扶手墙、通风口	13（7.5%）

续表

No.	纹样名	分布的景点	场所	数量
22	桃花	排云殿、德辉殿、西哑巴院、云松巢、香岩宗印之阁、眺远斋	通风口	11（6.4%）
23	鳖甲锦	眺远斋	扶手墙	1（0.6%）
24	梅·寿石	眺远斋	扶手墙	1（0.6%）
25	菊·寿石	眺远斋	扶手墙	4（2.3%）
26	蝙蝠·花	排云殿	花池	3（1.7%）
27	蝙蝠·磬	文昌阁	通风口	1（0.6%）
28	四季如意	文昌阁、邵窝殿	宝顶	2（1.2）
29	鸟·牡丹	清华轩	花板	1（0.6%）
30	莲·菖蒲	眺远斋	扶手墙	1（0.6%）
31	忘忧草	清华轩	通风口	2（1.2%）
32	八吉祥等	排云殿	花池	1（0.6%）
33	蝙蝠·绶带	排云殿	通风口	1（0.6%）
34	蝙蝠·宝扇	排云殿	花池	1（0.6%）
35	蝙蝠·意	排云殿	花池	1（0.6%）
36	八吉祥盖	排云殿	通风口	1（0.6%）
37	八吉祥轮	文昌阁	通风口	1（0.6%）
38	丸寿万字纹	眺远斋	扶手墙	2（1.2%）
39	阴八仙人笛	排云殿	通风口	1（0.6%）
40	八吉祥荣螺	文昌阁	通风口	1（0.6%）
41	八吉祥莲花	排云殿	通风口	1（0.6%）
42	阴八仙人团扇	排云殿	通风口	1（0.6%）
43	阴八仙人宝剑	排云殿	通风口	1（0.6%）
44	阴八仙人木鱼	排云殿	通风口	1（0.6%）
45	忘忧草、寿石	眺远斋	扶手墙	1（0.6%）
46	阴八仙人阴阳板	排云殿	通风口	1（0.6%）

3.1.3 政治空间的表现和特征

颐和园的政治空间主要是以仁寿殿为中心的东宫门内的南北建筑群。在这里面，最多的纹样当然是象征长寿的菊花，共有 13 处，占全体的 43.3%。其次是象征富贵的牡丹，共有 6 处（占 20%）、象征清廉的莲花，占 2 处（6.7%）。合计占全体的 7 成。

作为临朝听政的仁寿殿，从正门进入后的壁面，有 2 处砖雕纹样："龙呼九子"（龙）和"持之以恒"（卷草）。尺寸分别是 3.15 ~ 2.68m 和 1.11 ~ 3.15m，是颐和园庭园中砖雕纹样最大的尺寸。另外，这个空间也装饰有"坚忍不拔"（梅花）、"成功名誉利益"（八吉祥的瓶）、"坚固、活泼、幸福"（八吉祥的鱼）、"佛法无边、生命永恒"等砖雕纹样。在东宫门（东宫门、北九卿、南九卿）装饰有"满堂"（海棠）、"春"（茶花）、"长寿"（菊）、"富贵"（牡丹）、"清廉"（莲花）、"仙人来临、喜贺吉祥"（八仙人的葫芦）等砖雕纹样。象征统治者的权力、成功、名誉和清廉。另外，也能看到象征时代精神，典型的表示长寿、幸福、喜贺吉祥等纹样。时代的规章制度及政治抱负。通过砖雕，可以从另外的一个侧面看到庭园空间的实质，这些砖雕在某种程度上可以刻画出那个时代的剪影和使用它们的阶级的背景。

政治空间的砖雕统计表

No.	纹样名	分布的景点	场所	数量
1	菊	东宫门、北九卿、仁寿殿	通风口	13(43.3%)
2	龟	仁寿殿	影壁	1(3.3%)
3	卷草	仁寿殿	影壁	1(3.3%)
4	牡丹	南九卿、仁寿殿	通风口	6(20.0%)
5	海棠	东宫门	通风口	1(3.3%)
6	茶花	东宫门	通风口	1(3.3%)
7	莲花	北九卿、仁寿殿	通风口	2(6.7%)
8	梅花	仁寿殿	通风口	1(3.3%)
9	八吉祥瓶	仁寿殿	通风口	1(3.3%)
10	八吉祥鱼	仁寿殿	通风口	1(3.3%)
11	八吉祥轮	仁寿殿	通风口	1(3.3%)
12	阴八仙人葫芦	东宫门	通风口	1(3.3%)

3.1.4 娱乐空间的表现和特征

颐和园的娱乐空间主要是以德和园为中心的德和园、画中游、听鹂馆等。在这个区域里面，最多的纹样是象征长寿的菊花，共有 29 处，占全体的 40.3%。接下来是象征春天的桃花，共 12 处（占 16.7%），象征持之以恒的卷草和象征清廉的莲花各占 8 处（占 11.1%），总计占全体的 8 成。德和园（颐乐殿、庆善堂）是中国园林建筑中最大规模，也是保存最好的戏台。因为这是慈禧太后当年看戏的地方，在这里使用的主要是表现京剧内容的砖雕纹样。比如“考试合格”（鸳鸯 · 莲花），还有“一路连科”（科举合格）等。另外，“富贵长寿”（牡丹 · 寿石）、“长寿”（菊花）、“满堂”（海棠）、“人格高尚”（兰）等砖雕纹样也存在。佛香阁西侧的按照万寿山斜面而建造的画中游（画中游、借秋楼、爱山楼）的砖雕纹样主要使用“子孙万代”（葫芦）、“持之以恒”（卷草）、“坚忍不拔”（梅花）、“长寿”（菊）、“清廉”（莲花）等。同样也可以通过砖雕纹样能看到像一幅风景画一样的一步一景的庭园空间和追求长寿的愿望。乾隆皇帝和慈禧太后饮食和看戏的场所：听鹂馆（听鹂馆、贵寿无级）主要是装饰“万岁”（万字纹）、“长寿”（鳖甲锦）、“锦上添花”（菊 · 锦地）、“春”（桃花）、“富贵”（牡丹）等纹样。娱乐空间的表现和特征通过庭园空间中的园林建筑中的砖雕纹样能够反映出当时生活中的娱乐形式及其追求的精神侧面的娱乐生活。总的来说，园内的雕刻装饰的大部分结构组成了建筑骨架，同时也作为建筑装饰。它们不但能够保护宝顶等内部结构，同样也承担装饰园林建筑的作用。又从另一个侧面，表现和反映庭园空间的特征。以不同的方式和手法烘托庭园空间，力争在多种层面强调娱乐空间的特质表现。

娱乐空间的砖雕统计表

No.	纹样名	分布的景点	场所	数量
1	菊	颐乐殿、庆善堂、德和园、借秋楼、贵寿无极	通风口	29（40.3%）
2	兰	颐乐殿	通风口	1（1.4%）
3	葫芦	画中游	通风口	1（1.4%）
4	卷草	画中游、借秋楼、爱山楼、听鹂馆扶手墙	通风口、扶手墙	8（11.1%）
5	牡丹	颐乐殿、爱山楼、贵寿无极	通风口	3（4.2%）
6	海棠	颐乐殿	通风口	1（1.4%）
7	万字纹	听鹂馆	扶手墙	1（1.4%）
8	梅花	画中游	通风口	1（1.4%）
9	莲花	颐乐殿、庆善堂、画中游、借秋楼、贵寿无极	通风口	8（11.1%）
10	万寿菊	贵寿无极、颐乐殿	通风口	2（2.8%）
11	鳖甲锦	听鹂馆扶手墙	扶手墙	1（1.4%）
12	桃花	德和园、颐乐殿、庆善堂、贵寿无极	通风口	12（16.7%）
13	锦地菊	听鹂馆	扶手墙	1（1.4%）
14	牡丹·寿石	德和园	花板	1（1.4%）
15	鸳鸯、莲花	颐乐殿	通风口	2（2.8%）

3.1.5 游赏空间的表现和特征

颐和园的游赏空间是以苏州街、石舫、谐趣园等为中心的17处景点，它也是颐和园5类空间中拥有数量最多的庭园空间。在这里面，数量最多的砖雕纹样是代表长寿的菊花，共47处，占全体的23.3%。接下来是象征长寿的万寿菊32处（占15.8%）、象征清廉的莲花26处（占12.9%）、象征富贵的牡丹20处（占9.9%）、象征持之以恒的卷草16处（占7.9%），以上合计占全体的7成。

苏州街是乾隆二十七年（1762年）为了再现苏州街而打造的一处江南水乡的庭园空间。而其中的清可轩砖雕主要有“吉祥有余”（鲤）、“夫妻圆满”（鸳鸯）、“裕福”（鲤·莲花）、“长寿”（菊）、“清廉”（莲花）等。在游赏空间里主要使用表现日常理想和追求的砖雕纹样。石舫是根据慈禧太后对清漪园改造修复意见，将中国传统楼阁改成西洋式楼阁，船的顶上使用的砖雕是在西洋式建筑中最常见的蔓草纹和西洋式卷草。另外，在这里也使用“永远向上”（云·卷草）、“锦上添花”（菊·锦地）、“富贵平安”（宝瓶·海棠·牡丹）和中国传统的龙纹样（二龙戏珠）等纹样。石舫是模仿西洋式建筑用中国传统材料做成的石船。为了追求与西洋石雕刻同样精湛的艺术效果，专业砖雕人员使用最高超的雕刻技术将砖雕表现得精致而细腻，这让石舫端庄大气的形象更加明显。颐和园中的谐趣园是为了再现无锡的寄畅园，被称为皇家庭园中的园中园。谐趣园（谐趣园、知春堂、曙新楼）主要装饰有“年中如意”（四季如意）、“佛法无边、生命不止”（八吉祥的轮）、“万寿无疆”（寿字·斜万字纹）、“永无停息、万寿无疆”（云—卷草—万字纹）等砖雕纹样。在德兴殿、北宫门、谐趣园等处也装饰有“举家同庆”（菊·鸟）砖雕、福荫轩的“福寿满堂”（佛手柑）和“天禄赐福”（护符）砖雕纹样，清琴峡的“仙人来临，吉祥如意”（八吉祥）、“吉祥的象征”（吉祥的花）、“福寿”（蝙蝠·桃）砖雕纹样，寒心亭的“万寿无疆”（菊—万字纹），介寿堂的“三元及第”（荔枝），无尽意轩的“清”廉（莲）、五圣祠的“吉祥”（菖蒲），北宫门的“清廉”（荷叶）等纹样。总的来说，庭园中使用的雕刻形式主要是根据园林建筑空间的氛围来选择。砖雕的使用更是在全体各要素平衡的基础上，为了体现皇家的博爱和权势，在栏杆、建筑宝顶等部位进行装饰。但在城墙部位，砖雕却很少使用。在颐和园中砖雕的使用方法也有很明显的特征。通过砖雕来抒发对自然的追求和对理想风景的刻画，这样能够深入表现游赏空间的特征。

游赏空间的砖雕统计表

No.	纹样名	分布的景点	场所	数量
1	菊	养云轩、无尽意轩、福荫轩、圆朗斋、瞰碧台、介寿堂、金枝秀华、石丈亭、西一所、西二所、石舫、斜门殿、延清赏楼、迎旭楼、澄怀阁、德兴殿、半壁桥、北如意门、清可轩、清琴峡	通风口、花板	47（23.3%）
2	云	清遥亭	宝顶	1（0.55%）
3	莲	无尽意轩	通风口	2（1.0%）
4	兰	清琴峡、知春堂、耶律楚材祠	通风口	5（2.5%）
5	鲤	清可轩	通风口	1（0.5%）
6	龙	石舫	山花	1（0.5%）
7	牡丹	介寿堂、西一所、石舫、斜门殿、五圣祠、德兴殿、清琴峡、耶律楚材祠、曙新楼	扶手墙、通风口	20（9.9%）
8	海棠	西一所	通风口	1（0.5%）
9	菖蒲	五圣祠	通风口	1（0.5%）
10	荔枝	介寿堂	通风口	1（0.5%）
11	灵芝	介寿堂、石丈亭、贝阙门、清琴峡	通风口	4（2.0%）
12	鸳鸯	清可轩	通风口	1（0.5%）

续表

No.	纹样名	分布的景点	场所	数量
13	卷草	养云轩、瞰碧台、穿堂殿、迎旭楼、澄怀阁、德兴殿、清琴峡、紫气东来城关	墙垛、通风口	16（7.9%）
14	梅花	德兴殿、耶律楚材祠	通风口	2（1.0%）
15	菊·鸟	德兴殿、北宫门、谐趣园	通风口顶	4（2.0%）
16	蔓草纹	石舫	背饰	1（0.5%）
17	莲叶	北宫门	通风口	1（0.5%）
18	八吉祥	清琴峡	通风口	1（0.5%）
19	双笔管	写秋轩、北宫门	通风口	2（1.0%）
20	佛手柑	福荫轩	栏板	1（0.5%）
21	万寿菊	邀月门、无尽意轩、福荫轩、瞰碧台、介寿堂、石丈亭、石舫、穿堂殿、延清赏楼、五圣祠、澄怀阁、贝阙门、清琴峡、知春堂、引镜	通风口	32（15.8%）
22	万字纹	景福阁、曙新楼	扶手墙	2（1.0%）
23	护身符	福荫轩	望板	1（0.5%）
24	桃花	西二所、五圣祠、德兴殿、清琴峡、引镜	通风口	10（5.0%）
25	蝙蝠·桃	清琴峡	通风口	1（0.5%）
26	云·卷草	石舫	宝顶	1（0.5%）
27	莲花	邀月门、养云轩、圆朗斋、介寿堂、西二所、五圣祠、澄怀阁、贝阙门、德兴殿、清可轩、北宫门、清琴峡、知春堂、耶律楚材祠	通风口	26（12.9%）
28	四季如意	搜云亭	宝顶	1（0.5%）
29	吉祥花	清琴峡	通风口	1（0.5%）
30	锦地菊	石舫	挂檐板	1（0.5%）
31	菊·万字纹	寒心亭	宝顶	1（0.5%）

续表

No.	纹样名	分布的景点	场所	数量
32	有枝牡丹	石舫	挂檐板	2（1.0%）
33	西洋风卷草	养云轩、石舫	门券、门楣、背饰	4（2.0%）
34	八吉祥轮	谐趣园	宝顶	1（0.5%）
35	鲤 · 花	清可轩	通风口	1（0.5%）
36	寿字 · 斜万字纹	谐趣园	扶手墙	1（0.5%）
37	云 · 卷草 · 万字纹	谐趣园	宝顶	1（0.5%）
38	蝙蝠 · 丸寿万字纹	福荫轩	挂檐板	1（0.5%）
39	宝瓶 · 海棠 · 牡丹	石舫	栏板	1（0.5%）

“砖雕”作为一种建筑装饰艺术有着独自的建筑美法则，也是实用艺术和装饰艺术结合的产物。颐和园的砖雕中的吉祥纹样集合了中国几千年的文化美。是一种在画家、工艺师、匠人等的技术和经验下的风雅、端正的传统图案。而砖雕纹样作为手工艺术，除了它本身的自然美外，还融合了人们的审美意识。从这种艺术作品中无论从历史还是文化角度，都可以绽放中华民族的传统精神，也能体现中国人的传统创造力和智慧。本节通过系统性的调查，将砖雕的使用方法进行整体把握，然后分析砖雕作为园林素材，从而包含的空间含义。从砖雕纹样中反映的含义随着时间的流逝，逐渐被人们所遗忘，但是当人们看到精细的纹样时，又能感受到砖雕所在空间本身所蕴含的内容和特征。

今后，砖雕与庭园空间的关系、砖雕的技法和纹样法式（秩序化、夸张化、简洁化、象征化、寓意化等）将作为接下来的研究课题。

3.2 颐和园长廊人物彩画与空间特征研究

前言

颐和园是中国清朝皇帝的离宫，不仅庭园内风景优美，庭园内的园林建筑也是重要的文化遗产。颐和园中的长廊，全长728米，被誉为世界上最长的廊建筑。长廊的梁上刻画有关于人物、山水、花鸟、动物等各式图案的彩画14000幅以上。其中人物的彩画以中国的古典文学、历史典故和神话传说为原材料进行描绘。颐和园的建筑彩画不但形式多样、技法精巧、题材丰富，而且完全继承了中国建筑彩画全盛期的艺术手法与形式，而且在整体上能够反映出传统建筑彩画艺术的成就。所以对这些建筑的保存和装饰，也是颐和园作为世界遗产体现其价值的重要一项工程。以往关于颐和园的研究更多的是关于其历史的研究（清华大学建筑学院2000年；北京市园林局2000年；桥川时雄1970年等），或者是基于现场调查而进行的景观构成、匾额、屋宇、砖雕和植物的研究。另外，关于庭园空间特征和利用情况的研究（沈悦1997年；任莅棣2005年；祝丹2005年；章俊华1999、2000、2006、2007年）。除此之外，还有关于庭园和中国画的构图和美学的空间表现研究（曹林娣2005年、金学智2005年、刘路2005年和苑洪琦2005年）和关于颐和园园林建筑彩画的分类、内容、保护技术及其与建筑的关系的调查报告（高大伟2000年）。在本节中，基于以上论文的调查与研究，着眼于颐和园长廊人物，通过文学、典故和传说来研究颐和园长廊人物彩画表现和特征，阐述其是如何反映与影响庭园空间。

调查方法

在 2008 年 3 次前往北京市公园管理中心和颐和园管理处对关于颐和园园林建筑彩画相关的资料文献进行调查。依据《颐和园建筑彩画艺术》和《颐和园长廊彩画故事》作为基础资料，参照《人民中国》杂志中颐和园的长廊画，对颐和园中 178 处人物彩画进行现场调查。调查内容包括场地位置、名称、内容的出处和年代。并且与颐和园相关部门一起对调查的所有人物彩画的内容进行了确认。

颐和园长廊人物彩画列表

No.	名称	出处	年代	场所
1	曹操献刀	三国演义	东汉	A 区内
2	定三分隆中决策	三国演义	东汉	A 区内
3	周敦颐爱莲	爱莲说	北宋	A 区内
4	徐庶走马荐诸葛	三国演义	东汉	A 区内
5	风尘三侠	民间传说	隋朝	A 区内
6	三打白骨精	西游记	唐朝	A 区内
7	桃园三结义	三国演义	东汉	A 区内
8	刘玄德携民渡江	三国演义	东汉	A 区内
9	文姬谒墓	民间传说	东汉	A 区内
10	文人三才	民间传说	宋朝	A 区内
11	凤仪亭吕布戏貂蝉	三国演义	东汉	A 区内
12	柴桑口诸葛亮吊丧	三国演义	东汉	A 区南外
13	洛神	洛神赋	三国	A 区南外
14	富贵寿考	民间传说	唐朝	A 区北外
15	四进士	民间传说	明朝	A 区北外
16	宝玉黛玉读《西厢》	红楼梦	清朝	A 区北外
17	桃花源记	桃花源记	东晋	留佳亭内

续表

No.	名称	出处	年代	场所
18	孙大圣大战哪吒三太子	西游记	唐朝	留佳亭内
19	龙宫借宝	西游记	唐朝	B 区内
20	刘玄德江东赴会	三国演义	东汉	B 区内
21	岳母刺字	三国演义	北宋	B 区内
22	蓝桥捣药	民间传说	唐朝	B 区内
23	羲之爱鹅	民间传说	东晋	B 区内
24	千里眼和顺风耳	封神演义	商朝	B 区内
25	山中宰相	答谢中书书	南北朝	B 区内
26	薛宝琴雪中折梅	红楼梦	清朝	B 区内
27	商山四皓	三国演义	东汉	B 区内
28	穆桂英招亲	杨家将	北宋	B 区内
29	伯牙摔琴谢知音	民间传说	春秋	B 区内
30	子猷爱竹	民间传说	晋朝	B 区内
31	西天取经	西游记	唐朝	B 区内
32	张良进履	民间传说	战国	B 区内
33	麻姑献寿	神仙传	唐朝	B 区内
34	牛郎织女	民间传说	不详	B 区内
35	唐僧取经	西游记	唐朝	B 区南外
36	举案齐眉	民间传说	西汉	B 区南外
37	蕉下客	红楼梦	清朝	B 区南外
38	猛张飞智取瓦口关	三国演义	东汉	B 区北外
39	晴雯病补孔雀裘	红楼梦	清朝	B 区北外
40	唐玄宗夜游月宫	霓裳羽衣曲	唐朝	B 区北外
41	刘备智激孙夫人	三国演义	东汉	B 区北外

续表

No.	名称	出处	年代	场所
42	红孩儿计擒唐僧	西游记	唐朝	C区内
43	林冲风雪山神庙	水浒传	宋朝	C区内
44	婴宁	聊斋志异	清朝	C区内
45	画龙点睛	民间传说	南北朝	C区内
46	傻大姐无意泄机关	红楼梦	清朝	C区内
47	韩康卖药	民间传说	东汉	C区内
48	三碗不过冈	水浒传	北宋末期	C区内
49	陶渊明爱菊	民间传说	东晋	C区内
50	鲁智深大闹野猪林	水浒传	宋朝	C区内
51	鲁智深倒拔垂杨柳	水浒传	宋朝	C区内
52	六子闹弥勒	西游记	唐朝	C区内
53	老黄忠	三国演义	东汉	C区内
54	许褚裸衣斗马超	三国演义	东汉	C区内
55	元春省亲	红楼梦	清朝	C区内
56	穆桂英绝谷寻栈道	杨家将	宋朝	C区内
57	云梦公主	聊斋志异	清朝	C区内
58	袭陈仓武侯取胜	三国演义	东汉	C区内
59	寒塘鹤影	红楼梦	清朝	C区内
60	牧童遥指杏花村	民间传说	唐朝	C区内
61	诸葛亮奇兵袭陈仓	三国演义	东汉	C区内
62	红玉	聊斋志异	清朝	C区内
63	张敞画眉	民间传说	西汉	C区内
64	衾枕昧节候、褰开暂窥临	登池上楼	南北朝	C区南外
65	东郭先生	民间传说	战国	C区南外

续表

No.	名称	出处	年代	场所
66	乱蟠桃大圣偷丹	西游记	唐朝	C区南外
67	景阳冈武松打虎	水浒传	宋朝	C区南外
68	苦肉计黄盖受刑	三国演义	东汉	C区南外
69	穆桂英挂帅	杨家将	宋朝	C区南外
70	典韦救曹身亡	三国演义	东汉	C区南外
71	秉烛夜游	春夜宴诸从弟桃花渊序	唐朝	C区南外
72	江东二乔	三国演义	东汉	C区南外
73	关云长义释曹操	三国演义	东汉	C区南外
74	灌水得球	民间传说	北宋	C区南外
75	苏小妹三难新郎	醒世恒言	宋朝	C区北外
76	杨排风单骑战殷奇	杨家将	宋朝	C区北外
77	鱼肠剑	民间传说	战国	C区北外
78	八仙过海	民间传说	不详	C区北外
79	据汉水赵子龙以寡胜众	三国演义	东汉	C区北外
80	讳疾忌医	史记·扁鹊传	战国	C区北外
81	高衙内调戏林娘子	水浒传	宋朝	D区内
82	珊瑚	聊斋志异	清朝	D区内
83	嫦娥奔月	民间传说	不详	D区内
84	漂母分食待韩信	史记·项羽本纪	西汉	D区内
85	五子夺魁	民间传说	五代十国	D区内
86	姜太公钓鱼	民间传说	商朝末期	D区内
87	米芾拜石	民间传说	北宋	D区内
88	程颢泛舟	春日偶成	北宋	D区内
89	归田乐	归去来辞	东晋	D区内

续表

No.	名称	出处	年代	场所
90	僧志南春日有诗	民间传说	南宋	D 区内
91	江妃	民间传说	周朝	D 区内
92	天水关诸葛亮收服姜维	三国演义	东汉	D 区内
93	陷空山无底洞	西游记	唐朝	D 区内
94	先天八卦图	民间传说	宋朝	D 区内
95	松下问童子	访隐者不遇	唐朝	D 区内
96	宴长江曹操赋诗	三国演义	东汉	D 区内
97	水莽草	聊斋志异	清朝	D 区内
98	唐僧路阻火焰山	西游记	唐朝	D 区内
99	草船借箭	三国演义	东汉	D 区内
100	秦香莲	民间传说	北宋	D 区内
101	水淹七军	三国演义	东汉	D 区内
102	细柳	民间传说	不详	D 区内
103	盗仙草	白蛇传	明朝	D 区内
104	穷不卖书留子读	民间传说	隋朝	D 区内
105	打渔杀家	打渔杀家	北宋末期	D 区内
106	彭二挣	聊斋志异	清朝	D 区内
107	断桥亭	白蛇传	明朝	D 区内
108	关云长过五关斩六将	三国演义	东汉	D 区内
109	王华买老	民间传说	宋朝	D 区南外
110	苏武牧羊	民间传说	西汉	D 区南外
111	贵妃出浴华清池	民间传说	唐朝	D 区南外
112	阿英	聊斋志异	清朝	D 区南外
113	屯土山关云长约三事	三国演义	东汉	D 区南外

续表

No.	名称	出处	年代	场所
114	尤三姐痴情归地府	红楼梦	清朝	D 区南外
115	牡丹亭艳曲警芳心	红楼梦	清朝	D 区南外
116	老子出关	道德经	战国	D 区南外
117	月下独酌	月下独酌	唐朝	D 区南外
118	嫘祖养蚕	民间传说	战国	D 区南外
119	祝鸡公	民间传说	晋朝	D 区南外
120	憨湘云醉卧芍药裀	红楼梦	清朝	D 区南外
121	登鹳雀楼	唐诗	唐朝	D 区南外
122	老鹰抓小鸡	民间传说	不详	D 区北外
123	文王访贤	民间传说	商朝末期	D 区北外
124	功名未必胜鲈鱼	民间传说	宋朝	D 区北外
125	东山丝竹	民间传说	东晋	D 区北外
126	劈山救母	民间传说	不详	D 区北外
127	蒋干盗书	三国演义	东汉	D 区北外
128	枪挑小梁王	说岳全传	北宋	秋水亭内
129	竹林七贤	民间传说	魏末晋初	秋水亭内
130	好洁成癖	民间传说	元朝	E 区内
131	张飞酒醉失徐州	三国演义	东汉	E 区内
132	两县令竞义婚孤女	醒世恒言	宋朝	E 区内
133	关云长刮骨疗伤	三国演义	东汉	E 区内
134	陆绩怀橘	陆绩怀橘	东汉末期	E 区内
135	西厢记	西厢记	唐朝	E 区内
136	天女散花	民间传说	不详	E 区内
137	博望坡诸葛亮初用兵	三国演义	东汉	E 区内

续表

No.	名称	出处	年代	场所
138	天仙配	民间传说	汉朝	E 区内
139	示金陵子	示金陵子	唐朝	E 区内
140	封三娘	聊斋志异	清朝	E 区内
141	孔融让梨	三字经	东汉	E 区内
142	林黛玉焚稿断痴情	红楼梦	清朝	E 区内
143	尧王访舜	民间传说	不详	E 区内
144	八卦炉中逃大圣	西游记	唐朝	E 区内
145	穆桂英飞索套宗保	杨家将	北宋	E 区内
146	娥皇和女英	民间传说	不详	E 区南外
147	许仙借伞	白蛇传	明朝	E 区南外
148	唐僧历经八十一难	西游记	唐朝	E 区南外
149	占旺相四美钓游鱼	红楼梦	清朝	E 区南外
150	鹬蚌相争	战国策 · 燕策	西汉	E 区南外
151	问路陈仓	三国演义	东汉	E 区南外
152	客至	客至	唐朝	E 区南外
153	李逵大闹忠义堂	水浒传	宋朝	E 区北外
154	黄英	聊斋志异	清朝	E 区北外
155	麒麟献书	民间传说	战国	E 区北外
156	撕扇作千金一笑	红楼梦	清朝	E 区北外
157	诉肺腑心迷活宝玉	红楼梦	清朝	E 区北外
158	三英战吕布	三国演义	东汉	清遥亭内
159	吕布辕门射戟	三国演义	东汉	F 区内
160	斩蔡阳兄弟解释疑	三国演义	东汉	F 区内
161	唐僧夜阻通天河	西游记	唐朝	F 区内

续表

No.	名称	出处	年代	场所
162	刘备跃马过檀溪	三国演义	东汉	F 区内
163	玉堂春	苏三起解	明朝	F 区内
164	王佐断臂	说岳全传	南宋	F 区内
165	得金珠吕布忘义杀丁原	三国演义	东汉	F 区内
166	铡美案	民间传说	北宋	F 区内
167	报兄仇张飞遇害	三国演义	东汉	F 区内
168	背母进山	东周列国志	东周	F 区南外
169	赵子龙单骑救主	三国演义	东汉	F 区南外
170	七星坛诸葛亮借东风	三国演义	东汉	F 区南外
171	滴翠亭宝钗戏彩蝶	红楼梦	清朝	F 区南外
172	祢衡裸衣骂曹	三国演义	东汉	F 区南外
173	颜超求寿	搜神记	晋朝	F 区南外
174	独鹤吟	独鹤吟	唐朝	F 区北外
175	香菱斗草	红楼梦	清朝	F 区北外
176	陶谦三让徐州	三国演义	东汉	F 区北外
177	吕无病	聊斋志异	清朝	F 区北外
178	画皮	聊斋志异	清朝	F 区北外

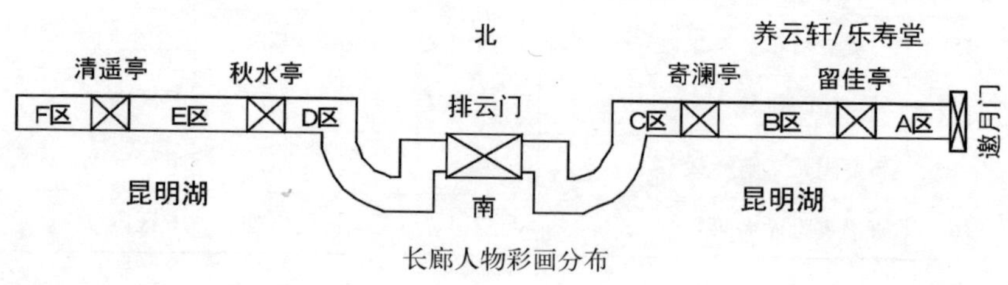

长廊人物彩画分布

三打白骨精

尧王访舜

桃园三结义

文姬谒墓

尤三姐痴情归地府

画皮

文人三才

蓝桥捣药

姜太公钓鱼

画龙点睛

举案齐眉

诉肺腑心迷活宝玉

从留佳亭看长廊内侧

颐和园建筑彩画分类

清光绪年间对颐和园进行复原，园内建筑的形状、构造和手法基本按照清漪园时代的原型来施工。虽然一部分的建筑被更改，但是大部分根据清漪园当初的构造和规模进行复原。从清漪园时代到颐和园再建已有 100 年。清代的建筑彩画已经发生了重大的变化，现存的颐和园建筑彩画基本上是清朝末期的风格。由于彩画的保存期限较短，在后期的改装修理中，颐和园时代的彩画更多地被改描。新中国成立后，从 1950 年代开始，进行大规模的修复工作，中央政府投入了大量的资金和劳力。现在颐和园内保存的艺术价值相对较高的彩画作品大部分是在这个时期被修复的。

颐和园的建筑彩画大致可以分成以下 4 个种类：和玺彩画、旋子彩画、苏式彩画和海墁彩画。

和玺彩画是清朝最高级别的彩画，彩画是由各种奇异的龙、凤等吉祥物构成。匾额的两侧是由金箔的花纹构成，是一种非常高雅华丽的彩画。仅在皇帝上朝问政的殿宇或者进行重要仪式的东宫门仁寿殿和排云殿、佛香阁使用。

旋子彩画的级别仅次于和玺彩画，由于种类也十分丰富，因此被广泛使用。另外它是清朝官式彩画中主要的形式，图面使用被简易化的漩涡型花瓣行，根据建筑材料的大小而由形态各异的旋转花型构成、中央部分也描绘有龙、凤和锦带。这一类彩画主要在皇宫内的附属建筑、皇宫仪式进行的殿堂或者在行政附属建筑及一般的廊建筑或王府中使用。

苏式彩画是在园林建筑中使用的一种装饰性很强的彩画，这是由江南水乡的苏州起源，后来被传入到宫廷中，在官式彩画中拥有重要的位置。包括在故事中登场的人物画、花鸟画、有趣的亭台楼阁绘画及山水画或水墨画。这一类彩画更多的是在园林建筑中使用。

海墁彩画是在建筑整体中一种图案彩画。现存的这种彩画数量较少，只有在颐和园的云清轩中有海墁彩画。

颐和园的长廊人物彩画

颐和园的长廊彩画经过几度的修复，基本上沿袭着修复前的风格和题材。现存的长廊彩画是从 1950 年代到 1970 年代修复的。为了维持当时彩画的水平，政府邀请赵立德、孔令旺和李作彬等彩画专家进行彩画描绘。本研究将按照彩画故事典故的出处，故事的年代和场所等进行考察。

3.2.1 从文学作品看长廊人物彩画与空间特征

颐和园长廊的人物彩画主要是以中国古代三大名作《三国演义》、《红楼梦》和《西游记》及一些民间传说为题材。其中民间传说在彩画中有 49 处，占全体的 27.5%，民间传说中的 20 处主要集中在 D 区。接下来是取材于《三国演义》的彩画 43 处，占全体的 24.2%。另外，《红楼梦》题材彩画 16 处，占 9.0%，《西游记》题材彩画 13 处，占 7.3%。

第 143 号尧王访舜是一处民间传说为题材的人物彩画。舜从小就是一个孝子。他的孝心让天帝爷感动。当时的帝王尧将国君的位置禅让给他，并把两个女儿娥皇、女英嫁给舜作了妻子。另外，第 23 号羲之爱鹅、第 32 号张良进履、第 105 号打渔杀家等。寄托着人间对真善美理想追求的传说通过彩画表现出来，通过彩画中的庭园空间反映出来。

第 7 号桃园三结义是《三国演义》中有名的一节。刘备、关羽和张飞在桃园结义，一起报国救民，最终建立三国鼎立之一的蜀汉政权。另外第 68 号苦肉计黄盖受刑，第 169 号的赵子龙单骑救主等典故通过讲述了在英雄豪杰辈出的时代中，以刘关张三兄弟和诸葛孔明为中心的长篇小说，活生生地展示了那个年代的人物特性，也通过彩画中的庭园空间反映出来。

第 114 号尤三姐痴情归地府是红楼梦第 66 回的一段故事，尤三姐是宁国府的亲戚，而她看中柳湘莲后，就一心一意等他。但柳湘莲后悔与她定亲，要索回定礼，刚烈的尤三姐在奉还定礼时拔剑自刎。目睹这一切的柳湘莲泪流不止。第 39 号晴雯病补孔雀裘、第 142 号林黛玉焚稿断痴情和第 171 号滴翠亭宝钗戏彩蝶等，述说的是脆弱的男女之情，而不是士大夫的世界。这些都真实地描绘了贵族社会的生活，具有很高的文化价值，其中也能品位到皇家庭园的氛围。

第 6 号三打白骨精是《西游记》中的一则典故，为了实现能够长生不老的愿望，白骨精一直想吃唐僧肉，她变换成漂亮的女子、搜寻女子的老婆婆和搜寻老婆婆的白发老头，但都被孙悟空所识破。另外还有第 31 号西天取经、第 93 号陷空山无底洞、第 98 号唐僧路阻火焰山等故事。从孙悟空破石出生，然后与唐僧、猪八戒和沙悟净一起前往西天，这一过程通过细致的描写获得广大民众的认同，也通过彩画中的庭园空间反映出来。

主要的典故来自《三国演义》、《西游记》、《红楼梦》和一些民间传说。根据时代的不同，民间传说主要表现人间社会的世界观，而《三国演义》、《西游记》和《红楼梦》主要是表现“武”、“侠”和“情”。对气质、志向和美的追求通过长廊人物彩画的刻画而引入，以其中描绘出的庭园空间而得以体现。

画中游

按典故分类的长廊彩画分布

出典	A区	B区	C区	D区	E区	F区
三国演义	7(43.8%)	5(21.7%)	9(23.1%)	8(17.0%)	4(14.3%)	9(45.0%)
	1, 2, 4, 7, 8, 11, 12	20, 21, 38, 41	53, 54, 58, 61, 68, 70, 72, 73, 79	84, 92, 96, 99, 101, 108, 113, 127	131, 133, 137, 151	159, 160, 162 165, 167, 169 170, 172, 176
西游记	1(6.3%)	3(13.0%)	3(7.7%)	2(4.3%)	2(7.1%)	1(5.0%)
	6	19, 31, 35	42, 52, 66	93, 98	144, 148	161
红楼梦	1(6.3%)	3(13.0%)	3(7.7%)	3(6.4%)	4(14.3%)	2(10.0%)
	16	26, 37, 39	46, 55, 59	114, 115, 120	142, 149, 156, 157	171, 175,
水浒传	–	–	5(12.8%)	1(2.1%)	1(3.6%)	–
	–	–	43, 48, 50, 51, 67	81	153	–
杨家将	–	1(4.3%)	3(7.7%)	–	1(3.6%)	–
	–	28	56, 69, 76	–	145	–
聊斋志异	–	–	3(7.7%)	4(8.5%)	2(7.1%)	2(10.0%)
	–	–	44, 57, 62	82, 97, 106, 112	140, 154	177, 178
民间传说	5(31.3%)	7(30.4%)	9(23.1%)	20(42.6%)	6(21.4%)	1(5.0%)
	5, 9, 10, 14, 15	22, 23, 29, 30, 32, 34, 36	45, 47, 49, 60, 63, 65, 74, 77, 78	83, 85~87, 90, 91, 94, 100, 102, 104, 109~111, 118, 119, 122~126	130, 136, 138, 143, 146, 155	166

续表

出典	A区	B区	C区	D区	E区	F区
其他	2(12.5%)	4(17.4%)	4(10.3%)	9(19.1%)	8(28.6%)	5(25.0%)
	3，13	24，25，33，40	64，71，75，80	88，89，95，103，105，107，116，117，121	132，124，134，135，139，141，147，150，152	163，164，168，173，174

长廊彩画所来源的文学作品概要

作品	著者	概要
三国演义	罗贯中	魏的曹操、吴的孙权、蜀的刘备三人争霸，同时包含诸葛孔明、关羽、张飞等多个人物题材的小说
西游记	吴承恩	三藏法师带领孙悟空、猪八戒、沙悟净去天竺取经，途中战胜一切艰难险阻
红楼梦	曹雪芹·高鹗	清朝长篇小说。原名《石头记》，全120回。以大贵族贾家贵公子贾宝玉和林黛玉、薛宝钗之间的恋爱为主轴描写当时社会状态
水浒传	施耐庵	宋徽宗时代一百零八位豪杰在梁山泊集合、以宋江为首领横行天下
杨家将	佚名	北宋朝，为了抵抗契丹侵略的杨家一族的武将故事。描写抗战情景的典故
聊斋志异	蒲松龄	清朝短篇小说。全491篇，描写妖怪的典故，面对现实的世界，创立自我的理想世界

3.2.2 从典故年代看长廊人物彩画与空间特征

颐和园的长廊人物彩画从商、周、战国、秦、汉朝开始，到明清漫长的时间段中的典故为题材进行描绘。其中最多的彩画是从商朝周朝开始，到秦汉时代，一共有 66 处，占整体的 37.1%。而其中的 43 处集中在东汉时期。接下来是明清两朝的彩画，一共 32 处，占整体的 18%。宋金元朝的彩画一共 30 处，占整体的 16.9%。隋唐五代十国的彩画一共 29 处，占整体的 16.3%。而彩画数量最少的年代是从三国、晋开始到南北朝的 13 处，只占整体的 7.3%。另外，还有 8 处的彩画年代出处不明。

第 9 号文姬谒墓是一则汉朝的民间典故。蔡文姬出生于一个书香门第的家庭，博学多才，出嫁后的第二年丈夫病亡后，远嫁到匈奴。曹操统一北方后，文姬因此重新回到中原。第 24 号千里眼和顺风耳、第 133 号关羽刮骨疗伤等可以看到天下有识之士的怀才不遇等困境人生。题材如果发生在兵荒马乱的商朝和汉朝，彩画能够将当时诸侯对立的场景体现出来，意味深长。

第 178 号画皮是清朝《聊斋志异》中的人物彩画，故事描述了山西太原的王生，在回家的道上遇到一位美女，随后将其带回家。一天，道士看到王生，就告诉他全身有股妖气，不久将有灭顶之灾。王生并不相信，当他回家的时候看到一个青面獠牙的鬼正在在一张人皮上画着那位美女的面相，王生惊恐万分，正想外逃的时候，被鬼切胸掏心。另外第 55 号《红楼梦》中的元春省亲、第 171 号滴翠亭宝钗戏彩蝶这些题材将当时追求自由爱情，而与封建礼制的男尊女卑作斗争的精神体现出来。彩画细腻地描绘了从平民到贵族小姐的心理。追求幸福生活的思想通过彩画中的庭园空间而得到体现。

第 10 号文人三才是关于宋朝的大文豪：苏东坡、秦少游和谢瑞卿的典故。这三人都才华横溢，对于皇帝都有问必答，皇帝甚是高兴，命他三人在求雨之际设坛撰写祭文。3 人交情很深，因此称他们三人为“文人三才”。另外，第 3 号周敦颐爱莲、第 48 号三碗不过冈、第

128 号枪挑小梁王等彩画通过彩画中的庭园空间描绘了那些文武双全、忠贞报国的英雄豪杰不阿谀奉承，而过着自由自在的生活的场景。

第 22 号蓝桥捣药是唐朝的神话故事。故事讲述了一个名叫裴航的秀才在过蓝桥的时候，向一位老妇人讨口水喝。他看上了这位老妇人的女儿，但是结婚条件是需用玉杵臼捣碎，而且要捣够一百天才行。于是裴航就一直捣药从不休息，感动了上天的玉兔下凡帮助他，最终他娶到了那位美女。另外第 19 号龙宫借宝、第 121 号登鹳雀楼等彩画主要是依据唐诗和西游记，表达了驱除邪恶，彰显正义的主题。

在不同的舞台上，英雄、豪杰、美女、妖怪汇集力量、智慧和技术，上演的一次次正义与邪恶、友情与背叛的较量，这些都通过彩画中的庭园空间表现出来。这些就像一本浓缩了中国历史和文学的书，仿佛让游人进入中国广阔而浩瀚的历史世界中。

长廊南侧的昆明湖北岸

按年代进行分类的长廊彩画

年代	A区	B区	C区	D区	E区	F区
商、周、战国、秦、汉朝	8（50%）	8（34.8%）	14（35.9%）	14（29.8%）	10（35.7%）	10（50.0%）
	1，2，4，7~9，11，12	20，24，27，29，32，36，38，41	47，53，54，58，61，63，65，68，70，72，73，77，79，80	84，86，91，92，96，99，101，108，110，113，116，118，123，127	131，133，134，137，138，141，143，150，151，155	159，160，162，165，167~170，172，176
三国、晋、南北朝	1（6.3%）	3（13.0%）	3（7.7%）	3（6.4%）	–	1（5.0%）
	13	23，25，30	45，49，64	89，119，125	–	173
隋、唐、五代十国	3（18.8%）	6（26.1%）	5（12.8%）	8（17.0%）	5（17.9%）	2（10.0%）
	5，6，14	19，22，31，33，35，40	42，52，60，66，71	85，93，95，98，104，111，117，121	135，139，144，148，152	161，174
宋、金、元朝	2（12.5%）	2（8.7%）	10（25.6%）	9（19.1%）	4（14.3%）	2（10.0%）
	3，10	21，28	43，48，50，51，56，67，69，74~76	81，87，88，90，94，100，105，109，124	130，132，145，153	164，166
明、清朝	2（12.5%）	3（13.0%）	6（15.4%）	9（19.1%）	7（25.0%）	5（25.0%）
	15，16	26，37，39	44，46，55，57，59，62	82，97，103，106，107，112，114，115，120	140，142，147，149，154，156，157	163，171，175，177，178
不详	–	1（4.3%）	1（2.6%）	4（8.5%）	2（7.1%）	–
	–	34	78	83，102，122，126	136，146	–

按年代进行分类的长廊彩画

年代	留佳亭	秋水亭	清遥亭
商、周、战国、秦、汉朝	–	–	1（100.0%）
	–	–	158
三国、晋、南北朝	1（50.0%）	1（50.0%）	–
	17	129	–
隋、唐、五代十国	1（50.0%）	–	–
	18	–	–
宋、金、元朝	–	1（50.0%）	–
	–	128	–
明、清朝	–	–	–
	–	–	–
不详	–	–	–
	–	–	–

3.2.3 从分布场所看长廊人物彩画与空间特征

颐和园的长廊人物彩画分布在长廊的内侧、南外侧和北外侧的梁上。其中，彩画最多的分布范围位于长廊的内侧，一共 107 处，占全体的 60.1%。其中，主要集中在 D 区的 28 处和 C 区的 22 处。长廊内侧的人物彩画分别在 B 区和 E 区各有 16 处，是 B 区和 E 区人物彩画中最多的分布区域。长廊的南外侧共有 42 处，占全体的 23.6%，其中主要在 D 区分布 13 处（占 31.0%），在 C 区分布 11 处（占 26.2%）。南外侧的人物彩画在 F 区一共有 6 处，占 F 区的 30%，是南外侧的彩画分布最集中的区域。长廊的北侧一共 29 处（占整体的 16.3%），是分布最少的场所。

第 86 号姜太公钓鱼位于长廊 D 区内侧，讲述的是西周姜子牙隐逸生活的典故。中国有一句成语：姜太公钓鱼——愿者上钩，这幅彩画也就根据这则成语而做成。周文王在姜子牙的辅佐下灭商建周，成就了霸业。第 45 号画龙点睛位于长廊 C 区的内侧，这个典故在日本也很有名。它讲述的是在梁武帝时期，安乐寺的墙上画有 4 条龙，一日给其中 2 条龙画上眼睛，这 2 条龙便腾空而去，剩下 2 条没有画眼睛的龙还留在寺庙的墙上。另外，第 83 号嫦娥奔月、第 43 号林冲风雪山神庙等位于排云门和周边排云殿、佛香阁的彩画主要反映了当时统治者的英明和地位，这些通过彩画中庭园空间的描绘而体现出来。

第 36 号举案齐眉是位于长廊 B 区南外侧的一处以民间传说为主题的人物彩画。东汉时期（公元 25 ~ 220 年），有一位博学多才的文人叫梁鸿，不论多美的女子追求他，他都拒绝。相反，他找了一位并不美丽，但品格极佳的女子结婚。后来由于梁鸿写了几首忧国忧民的诗而惹怒了朝廷，于是他带着妻子出走，过上了隐姓埋名的生活。这个典故主要用来比喻夫妻之间相互尊敬。另外，第 13 号洛神、第 71 号秉烛夜游等彩画与长廊南侧昆明湖的自然风光相协调，通过彩画中的庭园空间将诗情画意的氛围烘托出来。

第 157 号诉肺腑心迷活宝玉是清代名著《红楼梦》第 33 回中的一

则故事。描述了贾宝玉只知在女人堆里搅，而宝钗对他讲些仕途学问，他认为是无用的话，他只认黛玉为知己。黛玉听了又喜又惊，又悲又叹，两眼不觉滚下泪来。另外，第 16 号宝玉黛玉读《西厢》，第 126 号劈山救母等彩画内容主要描绘在充满情感的日常生活中，追求自由和爱情的主题。而这些彩画主要分布在长廊北侧的乐寿堂、养云轩等这些日常生活空间内。彩画的主题很好地烘托了建筑的场景。

在这些长廊彩画中充满了人们的日常生活中的希望和苦恼等诸多感情。而这些描绘普通百姓的生活、士兵的劳累和战乱的悲惨的社会题材的彩画也兼顾颐和园中游赏、政治、生活的庭园空间气氛。而除了长廊彩画外，空间氛围也能通过匾额文字、植物花语、砖雕纹样表现出来。

按场所进行分类的长廊彩画

场所	A 区	B 区	C 区
长廊内侧	11（68.8%）	16（69.6%）	22（56.4%）
	1~11	19 ~ 34	42 ~ 63
长廊南外侧	2（12.5%）	3（13.0%）	11（28.2%）
	12,13	35~37	64 ~ 74
长廊北外侧	3（18.8%）	4（17.4%）	6（15.4%）
	14 ~ 16	38 ~ 41	75 ~ 80
场所	D 区	E 区	F 区
长廊内侧	28（59.6%）	16（57.1%）	9（45.0%）
	81 ~ 108	130 ~ 145	159 ~ 167
长廊南外侧	13（27.7%）	7（25.0%）	6（30.0%）
	109 ~ 121	146 ~ 152	168 ~ 173
长廊北外侧	6（12.8%）	5（17.9%）	5（25.0%）
	122 ~ 127	153 ~ 157	174~178

续表

场所	留佳亭	秋水亭	清遥亭
长廊内侧	2(100.0%)	2(100.0%)	1(100.0%)
	17,18	128,129	158
长廊南外侧	–	–	–
	–	–	–
长廊北外侧	–	–	–
	–	–	–

清朝皇家园林建筑——颐和园的长廊彩画群被认为是世界上保存最为完好的园林建筑彩画群。珍贵的彩画艺术在世界上享有很高的声誉，也拥有很高的艺术价值。这些作品含有丰富的题材，运用丰富而又细腻的绘画手法。纵观颐和园长廊中 178 处人物彩画，有美丽的仙女、可怕的妖魔鬼怪、鸟兽花木和英雄豪杰。细腻地刻画出人、鬼、狐、神构成的武、侠、情的社会。这些彩画能够反映出日常生活场景、丰富的想象力和超脱当时现实社会的思想。现实社会与神话世界在彩画中交织在一起。通过这些彩画，也赋予庭园空间更深的意境。另外，长廊彩画也对于当时的社会带有一些讽刺和批评色彩。颐和园长廊彩画包罗了古代中国的政治、经济、军事、宗教、皇家和民众的生活风俗，可以认为这是一本浓缩了中国古代社会的书。通过研究彩画中融入的庭园空间的表达内容，可以透过表面深入探知彩画中深层次的精神世界。

排云门

3.3 颐和园植物花语与庭园空间表现及特征研究

前言

一提到花语，大家都想到这是从西洋传来的。但事实上，它在中国也拥有很古老的历史，而且从古至今一直没有意思的改变而流传至今。中国最具有代表性的皇家庭园——颐和园中的植物根据造景的需要，尊重季相变化而在庭园中引入自然之美的同时，也能体现其所在庭园空间精神上和理想上的内涵。对于花语而言，最重要的含义是它能够兼顾各式各样的庭园空间氛围，从这里也能更加深入地了解中国庭园空间中的东方文化。关于颐和园以往的研究更多的主要是历史的研究，或者是以现场调查为主的关于景观形成、匾额、屋顶、砖瓦、游客量的研究，还有关于庭园空间特征和利用情况的研究。而植物花语的研究相比之下比较少。本节着眼于花语作为庭园空间表现的一方面，努力从花语的研究中探寻庭园空间场所整体氛围的表现和特征。

研究方法

• 调查庭园空间的选择

在本研究中，我们将颐和园一共分成5个类型的空间：政治空间（东宫门、仁寿殿），生活空间（景福阁、益寿堂、玉澜堂、乐寿堂），游赏空间（谐趣园、写秋轩），娱乐空间（画中游、听鹂馆）和宗教庆典空间（排云殿、排云门、云松巢、邵窝殿）。共计11处最具有代表性的庭园空间作为调查对象空间。

• 现场调查方法

2005年3月1～18日的18天里，数次访问颐和园管理处、北京市公园管理中心、北京图书馆等机构。调查颐和园相关文献和资料，并参考《花卉文化与园林观赏》（杨先芬 2005）、《颐和园》（清华大学建筑学院 2000）、《中国爱情花语》（中村公 2002）、《中国花谱》（佐藤武敏 1997）等书籍。对于调查的11处对象庭园，进行实地调查，并将实测的植栽位置在图面上反映出来。调查的内容包括树种名、数量、配置形式、使用场所和该区域的花语，同年8月2～31日、9

月 19 ~ 22 日进行 2 次补充调查，将在下述表中进行整理总结。基于以上调查，开始根据不同庭园空间论述植物花语下的庭园空间的表现和特征。

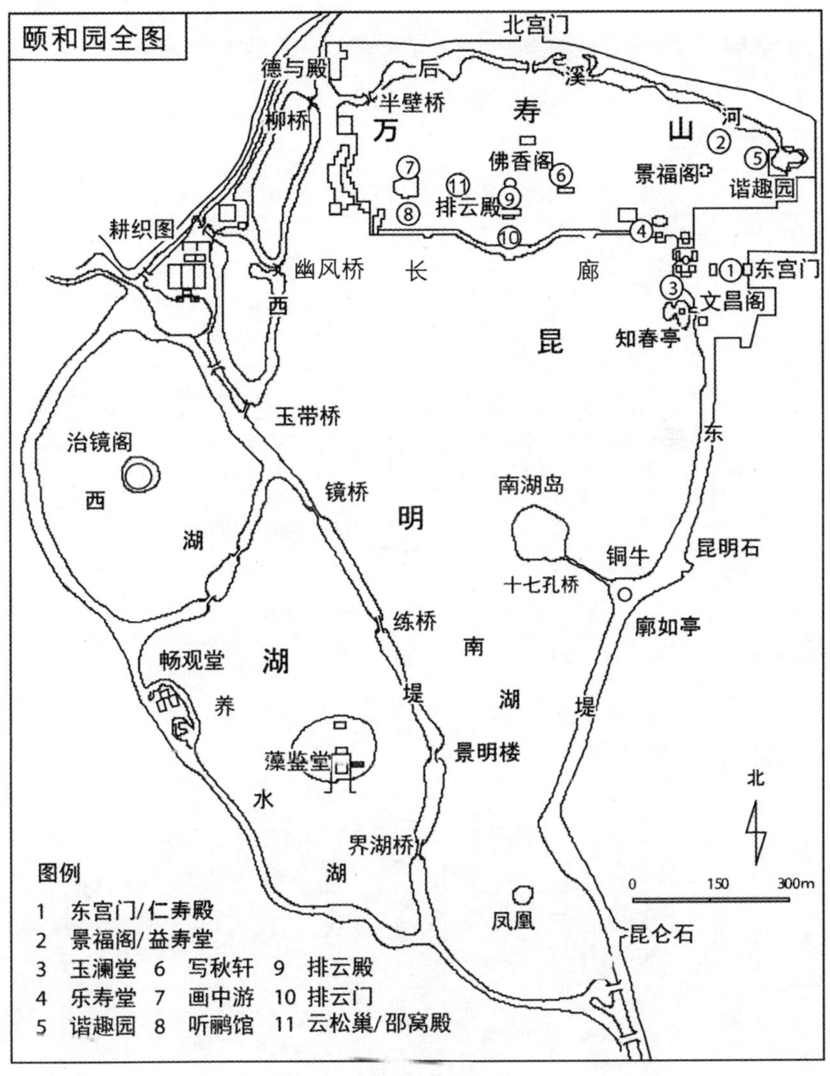

调查庭园分布图

调查统计表

No.	调查庭园	植物名	数量	园林建筑名	类型
1	•东宫门 / 仁寿殿	侧柏、龙爪槐、榆、银杏、油松、海棠、牡丹、国槐、紫丁香、桧柏	10 种	·东宫门·北九卿·南九卿·仁寿门·仁寿殿	政治空间
2	•景福阁 / 益寿堂	桧柏、侧柏、碧桃、白丁香、白松、榆叶梅、国槐、山桃、紫荆、紫丁香、铺地柏、油松、黄刺玫、紫木莲、榆蜡梅	16 种	·益寿堂·松春斋·景福阁·自在庄·乐农轩	生活空间
3	•玉澜堂	油松、白松、海棠、国槐、紫藤、碧桃、早园竹、侧柏、白兰、青桐、龙爪槐	11 种	·玉澜堂（门）·霞芬室·藕香榭·夕佳楼·东穿堂·宜芸馆（门）·道存斋·近西轩	
4	•乐寿堂	油松、桧柏、海棠、侧柏、白兰、榆、芍药、紫藤、白丁香、紫木莲、国槐、迎春花	12 种	乐寿堂·水木自亲·青芝岫·扬仁风·后九间·邀月门·永寿斋	
5	•谐趣园	碧桃、柳、油松、侧柏、桧柏、白松、早园竹、海棠、榆、榆叶梅、栾树、紫藤、国槐、紫木莲、莲花	15 种	谐趣园·知春堂（亭）·引镜·曙新楼·兰亭·知鱼桥·霁清轩·清琴峡·湛清轩·涵远堂·澄爽斋·洗秋·饮缘·澹碧	游赏空间
6	•写秋轩	榆叶梅、油松、白丁香、榆、紫荆、桧柏、山桃	7 种	写秋轩·搜云亭·观生意	
7	•画中游	侧柏、白松、油松、栾树、榆、紫荆、桧柏、山桃	8 种	画中游·借秋楼·爱山楼·湖山真意·牌楼	娱乐空间
8	•听鹂馆	海棠、连翘、早园竹、侧柏、白玉兰、国槐、龙柏、白丁香、百日红、雪松	10 种	听鹂馆·贵寿无极·小戏楼·逍遥亭·鱼藻轩	
9	•排云殿	侧柏、白松、木瓜、海棠	4 种	二宫门·排云殿·德辉殿·芳辉殿·紫霄殿	宗教•庆典空间
10	•排云门	桧柏、白松、油松、侧柏、牡丹	5 种	云辉玉宇牌楼·排云门·玉华殿·云锦殿·金水桥·二宫门	
11	•云松巢 / 邵窝殿	侧柏、白松、桧柏、连翘、国槐、栾树、紫丁香、椴树	8 种	垂花门·云松巢·邵窝殿·绿畦亭	

颐和园概要

颐和园位于北京市四环路西北外侧，总面积约 290hm^2。园内以万寿山和昆明湖为中心，水体面积占全园的四分之三。颐和园的前身——清漪园是在清朝最强势的乾隆朝十五年（1750 年）开始建设的，在乾隆二十九年（1764 年）完成。虽然当时被称为“清漪园”，但是在咸丰十年(1860 年)被英法联军破坏。现在的建筑是在光绪二十四年(1898 年）由西太后支持下进行修复，随而改名为颐和园（汪菊渊 1980）。颐和园内拥有 200 年树龄以上的植栽。直到今天，大多数植栽被留存了下来（清华大学建筑学院 2000）。

远眺玉泉山、香山

调查庭园中所栽植的花语

No.	树种	花语
1	柏	柏树四季常绿，不畏严寒，坚忍不拔，是节操与坚强的化身
2	槐	中国谚语说到“门前种槐能招财”。因为常说三棵槐树是吉祥的象征，所以很多人选择在庭园中种植槐树。在风水上槐树也被多次提及
3	银杏	树龄较长。常说如果爷爷种上它的苗，孙子能吃到果实。所以用“公孙树”来形容银杏缓慢生长的状态。作为一种珍贵的树种，常在庭园中运用
4	松	松在严寒中依然能够生长，有着忍耐、福寿吉祥的花寓意。也用来比喻人的高尚品格，象征“高风亮节”和“长寿永固”
5	海棠	富贵满盈。被喻为“花中的神仙”。象征着多子多孙。在中国传统诗画中被多次运用，作为中国观赏树种在庭园中也被运用
6	牡丹	在中国，牡丹被用来象征富贵和地位，因为牡丹稀奇华丽，被称为花王，被誉为富贵花
7	丁香	被称为“西海的菩提树”，被视为“神树”，象征家族和睦幸福
8	紫藤	寿命很长，且枝繁茂盛。在皇家庭园和私家庭园中被多处使用。象征生命力的顽强
9	竹	四季常青，在傲雪中不折不挠兀然挺立，象征着顽强不屈，同时“竹”的发音与“祝”相同，有祝福的含义
10	木莲	象征荣华富贵，在皇家庭园的正房前经常被使用，对称式地种植在门前
11	青桐	桐被称为中国传统中的神树。在神话中，桐被誉为能够吸引凤凰，带来吉祥和好运
12	栾树	无
13	榆	无

续表

No.	树种	花语
14	迎春花	被称为“新春嘉花”，代表新春的到来。在白雪还未融化时已经盛开，象征顽强的品格。与玉梅、水仙、山茶称为“雪中的四友”
15	芍药	被称为花的宰相和小牡丹，象征富贵和娇艳。在古代的诗歌中男女相会，芍药被用作交换的礼物
16	桃	桃在中国传统文化中被视为不老不死的灵药。同时“桃”字中含有“兆”，有好兆吉兆的比喻
17	紫荆	代表晚春，与山茶、桂花、兰花一样被视为一种贵重的花卉，象征着家人间友人间的团结
18	蔷薇	因为花期长被誉为“长春花”。花型花色美丽，并且带有花香
19	柳	柳树被誉为春天的象征。旅人用柳树的枝条互赠祈福。过去，柳树还被誉为能够驱魔保平安
20	花梨	从古到今，作为送给友人最好的礼品，作为回报恩人。另外女人送给男人花梨，被视为求爱的表现
21	梅	严冬下依然开花，象征不屈不挠，超凡脱俗的高尚品质，在男女恋爱场合中，象征恋人在逆境中仍然坚贞专一
22	连翘	和迎春一样被称为“新春嘉花”，被视为能够抵抗严寒的顽强的植物。春天满开的黄色花与桃花相映成趣，在庭园中被经常一起种植
23	百日红	在唐朝后，百日红被称为“贵人花”，也代表了才智和学识
24	莲	出淤泥而不染，象征洁身自好。在佛教中，也象征吉祥如意。在中国民间中，莲也被象征着爱情的纯洁
25	榆叶梅	无
26	蒙古菩提树	和菩提树一样，象征着幸福满盈

植物花语与庭园空间表现及特征

本研究基于明清两朝花语，因为颐和园修复改名后的植栽和现在基本一致，所以把在慈禧太后时代修复的颐和园庭园空间作为考察对象。

3.3.1 东宫门／仁寿殿

东宫门/仁寿殿是皇帝皇后政治活动的区域，包含东宫门、北九卿、南九卿、仁寿门、仁寿殿等建筑，在这个区域，植物严格地对称排列种植。从东宫门到仁寿门左右，北九卿和南九卿所夹庭园空间中侧柏一共 18 株，在南九卿、北九卿前共 3 列对称配置。另外，仁寿门与仁寿殿之间的庭园空间中，松 6 株、垂枝槐 4 株、北京海棠 4 株以 2 列对称配置。松、柏类植物在一年中保持常绿，不管多寒冷也不枯萎，在封建社会通常用来比喻人的高尚品格，同时象征着“高风亮节”和“长寿永固”，这些都符合皇帝封建统治的思想。有寓意好兆的槐树和被尊为“花中神仙”的海棠象征着富贵和多子多孙。清朝的颐和园改名之后，由山东省献上的象征富贵和地位，被称为“花王”和“富贵花”的各种牡丹被栽植在仁寿殿北侧和南侧构筑称为“牡丹台”的花坛中，同时还栽植有被称为“西海菩提树”的紫丁香和称为“公孙树”的银杏。长寿永固、富贵等寓意，加上统治者的思想都贯穿在庭园空间的创作中。这里的庭园非常强调政治空间的表现，而拥有特定含义的植物花语则通过庭园空间表现出来。

3.3.2 景福阁／益寿堂、玉澜堂、乐寿堂

景福阁位于万寿山山脊的东侧，所在位置地势较高。正因如此，在上面建有两层高的留云阁，它是这个地区的中心。益寿堂为四合院格局，正殿松春斋和东西两配殿，在西边有自在庄，南边有乐农轩。虽然在万寿山上松柏类被广泛种植，但是根据前后山具体的地形环境和景色构建要求而有所区别。前山以柏为主，在 11 处庭园中最多种植有 94 株，形成了松柏混合栽植的大面积树林。在象征不老不死和长寿

长生的同时，也有槐的吉兆（紫花槐）、丁香的西海菩提树（紫丁香和丁香）、桃的长命百岁和幸福（山桃和碧桃）、腊梅的不屈精神和超凡脱俗等栽植。深绿色的松柏由于色彩较浓，如果广泛栽植就很适合山地的色彩基调，同时与宫殿的红壁，琉璃瓦、金线所构成的画形成强烈的色彩对比，在前山宏伟的景观下强调华丽的皇室气氛，同时也含有充满活力氛围的庭园空间。

玉澜堂是光绪帝的寝宫，前后共有三进院落。第一进院落是玉澜堂，东配殿霞芬室（5 开间，前后回廊，房间宽 1 丈 2 尺、柱的高 1 丈 1 尺）。西配殿藕香（5 开间，前后回廊）和正殿玉澜堂（5 开间，前后回廊、房间宽 1 丈 3 尺）。2 棵松（满洲黑松、白皮松）和 2 株海棠（北京海棠）对称式排列表达出长寿永固、子孙繁荣的庭园空间意境。第二进院落是观赏用的庭园。通过东侧的房间与德和园相通，西侧二层楼高的夕佳楼临近湖边，可以眺望西山的美景。通过左右东西配殿栽植的紫藤、3 株槐树和西边的 2 株丁香、2 株桃和 1 处早园竹，将象征蛟龙翻腾的强大生命力（紫藤）和政权永固（竹）等内涵通过庭园空间更强烈地表达出来。第三进院的宜芸馆、道存斋、近西轩前分别左右对称种植 6 棵侧柏、2 棵木莲和 2 棵青桐。表现出象征荣华富贵（木莲）和传递神意志的灵木（青桐）的空间场景。所以从植物花语可以反映出皇帝的精神思想。

乐寿堂是慈禧太后的寝宫，前殿水木自亲靠近埠头，乐寿堂正门位于此。正殿乐寿堂的平面为十字形，7 开间，周围分布有回廊。房间宽 1 丈 2 尺 5 寸、柱高 1 丈 2 尺 5 寸。东西配殿各自 5 开间，各自都相互贯通。这里是乾隆皇帝的皇太后退休后居住的地方。种植的树木和其他庭园的树木有所区别。荣华富贵的木莲和子孙繁荣的北京海棠各自 14 株和 12 株是被最多栽植的。另外，象征富贵被称为花相和小牡丹的芍药和唐木莲、代表春天被称为“新春嘉花”的迎春花也被引种栽植。庭园内的花木基本都是一些珍奇异种。清朝末期，乐寿堂的木莲名扬整个北京。乐寿堂后院的后罩殿是慈禧太后保存珍珠宝石的地方，因此在乐寿堂门前布置有铜制的鹤、瓶和鹿，暗示着六合太平。院内栽植有唐木莲、海棠、芍药等象征着玉堂富贵。东跨院——永寿斋是总管李莲英的住处，西跨院——扬仁风是乐寿堂的附属建筑、象征着仁义的风格。东边的水木自亲一带白色的墙壁通过种植深绿的松柏，在富贵的气氛中抒发出平和的氛围。

3.3.3 谐趣园、写秋轩

谐趣园是仿造无锡惠山的寄畅园而建造。所以最先是被称为“惠山园”，而后根据“以物外之静趣、谐寸田之中和”的意境，将名字改为“谐趣园”。涵远堂（5 开间、房间宽 1 丈 3 尺 2 寸）、引绿、洗秋（3 开间、周围有回廊、房间宽 1 丈 2 尺、柱高 1 丈 5 尺）、曙心楼、知鱼桥、知春堂等建筑和其间的游廊空间共同烘托出江南园林的氛围，也被称为园中之园。清琴峡中竹林的声影创造出一幅江南园林的图画，同时也种植有象征出淤泥而不染的莲（水莲）、傲雪中挺立的竹（早园竹）、告知春来到的柳（垂柳）和象征长寿的桃（碧桃）。从桃花可以品出不屈不挠的精神，从梅花可以品出超凡脱俗的寓意。江南园林的桃红柳绿和精巧江南园林反映出的文人婉约含蓄的造园手法，这些都通过植物的花语反映出来。

3.3.4 画中游、听鹂馆

画中游（3 开间、前后回廊、房间宽 1 丈 2 寸、柱高 1 丈 2 寸）是位于佛香阁西侧的一处大型园林建筑，三亭二楼一牌坊。内东楼被称为爱山，内西楼被称为借秋。主要的建筑是双层八角重檐亭。整个建筑依山而建。为了和前山的氛围融合，画中游种植有柏树（侧柏）共 56 株，是颐和园中种植柏树最多的区域，侧柏深绿的色彩是前山绿化的主题。接下来最多的是松（黑松），共计 9 株。松柏的混合种植带来万壑松风的意境。乾隆皇帝的《万寿山即景》中描写了这一场景。柏树和松的花语和万寿山的命名一样都是含有“长寿永固”的含义。在这里可以眺望园内，就好像在自然风景画中游览一样，所以取名为画中游。另外，莲花、飞禽加上自然种植的山桃和紫荆勾勒出一幅田园美景，从中反映出对“天上人间”的追求。

听鹂馆位于万寿山前山，面对着昆明湖。建筑名字来源于黄莺优美的叫声，最初是乾隆皇帝和慈禧太后娱乐休闲的地方，馆中有贵寿无极、逍遥亭、鱼藻轩、小戏楼等建筑，这些都是清朝皇帝皇后看戏娱乐的场所。在听鹂馆入口两侧配植有竹，成为入口主景。入口的正对面有4株海棠，东侧种植有海棠、连翘、木莲、柏（侧柏、圆柏）、雪松。而到了冬季草木皆枯的季节，青翠的竹林让园内也充满生机。就像乾隆皇帝所题的《听鹂馆》中的“何必双柑斗酒，亦有精舍竹林”一样，竹代表了祝福，加上荣华富贵（海棠、木莲），新春嘉花（连翘），高风亮节、长寿永固（松、柏）。这些花语都体现出这是一个富含浓厚感情，诗情画意的庭园空间。

3.3.5 排云殿、排云门、云松巢（邵窝殿）

殿名来源于东晋文学家郭璞（公元276-324年）的诗句“神仙排云出，但见金银台”。这是为了祝贺慈禧太后生日而建成的大殿。大殿共计21间，回廊连接左右配殿。红柱、黄色的琉璃瓦彰显出宏伟的气势。排云门左右各对称排列种植6列柏树（龙柏、侧柏）。穿过排云门，左右（云锦殿、玉华殿）各种植9棵2列的柏（侧柏）和2处牡丹。进入二宫门后，左右各对称排列种植柏（侧柏）、松（白皮松）、梨树（花梨）各1株和2株海棠。排云殿、德辉殿前左右各种植3棵柏（侧柏），同样也是对称排列式种植，烘托出庄严肃穆的气氛。另外从昆明湖北岸中间的码头开始，经云辉玉宇牌楼、排云门、金水桥、二宫门、排云殿、德辉殿，最后到佛香阁，形成一条垂直上升的中轴线。从长命百岁、长寿永固（柏、松）、富贵（牡丹）、子孙繁荣（海棠）等花语强调了理想空间的场景，同时也对宗教和庆典庭园空间的表现带来影响。

云松巢（邵窝殿）位于前山西区东侧，沿万寿山分布。周边多为起伏的山丘，主要种植松（白皮松）和柏（侧柏、圆柏）。前山环境充满着山林野趣，所以建筑群的设计充分利用环境特征。西侧的云松巢正面5开间，所处地势较高，从南侧可以眺望昆明湖的景色。在这里种植有“就算被雪覆盖也不惧寒冷”顽强性的连翘、吉祥之意的槐树（紫花槐）、家族和睦美满的丁香（紫丁香）、蒙古菩提树，这一切让人仿佛进入了一幅青山绿水的山水画。描写出的自然美、寂静的庭园空间通过植物的花语自然而然地体现出来。

从以上的考察，可以得出下面的总结。

北方的树种——松、柏，一年常绿，因为即便多冷也不落叶枯萎，所以是被最多使用的树种，这也成了皇家园林、宫殿和寺院等的基调树种。特别是侧柏，在所调查庭园的11处中都种植有，黑松、龙柏、白皮松分别有8处、7处、6处。这些都象征着“节操”、“长生不老”和“长寿永固”。这也体现出在传统的造园思想中最基本的庭园空间表现和特征。

槐、柳是华北地区主要的落叶树种。特别是槐，是北京的市树。在11处调查点中共有8处种植有槐树，它寿命较长，被认为是最长寿的庭园树种。柳树在谐趣园、昆明湖沿岸和堤防处种植较多，柳树常常种植于水边，这是中国园林中传统的一种配植手法。通过寓意招财的槐树和寓意顽强生命力、驱邪平安和报春的柳树的花语，可以展示出现实而充满阳光与活力的庭园空间特征。

颐和园的植物种植十分重视四季的景色变化，因此配置了各种树种。桃、竹、丁香、海棠、木莲、连翘、紫荆、紫藤等寓意着幸福、长寿、君子美德、名誉、荣华富贵、子孙繁荣等含义，同时也反映出追求丰富的物质生活与精神生活高度调和的庭园空间表现和特征。

颐和园突出各地区的景观特色，表现各自的意境，充分考虑季节变化，并重视自然生长的每一朵花、每一棵树。富贵娇艳（芍药）、纯洁，吉祥如意（莲）、早春开花梅的美德（蜡梅）、综合才华学识的贵人花（百日红）、凤凰涅槃（青桐）、公孙树（银杏）等花语表达出的庭园空间氛围与自然美进行调和，充分表达了超越现实而追求理想的庭园空间表现和特征。

调查庭园植栽统计表

No.	调查庭园	植物名	学名	数量
1	东宫门 / 仁寿殿	侧柏	*Platycladus orientalis*	42
		龙爪槐	*Sophora japonica* 'Pendula'	4
		榆	*Ulmus pumila*	5
		银杏	*Ginkgo biloba*	1
		油松	*Pinus tabulaeformis*	16
		海棠	*Malus spectabilis*	4
		牡丹	*Dicentra spectabilis*	2
		国槐	*Sophora japonica*	1
		紫丁香	*Syringa oblata*	1
		桧柏	*Saliva chinensis*	4

2	景福阁 / 益寿堂	桧柏	*Saliva chinensis*	6
		侧柏	*Platycladus orientalis*	94
		碧桃	*Prunus persica* 'Duplex'	6
		白丁香	*Syringa oblata* var. *alba*	9
		白松	*Pinus bungeana*	6
		榆叶梅	*Pinus triloba*	1
		国槐	*Sophora japonica*	19
		山桃	*Pinus davidiava*	5
		紫荆	*Cercis chinensis*	3
		紫丁香	*Syringa oblata*	7
		铺地柏	*Saliva procumbens*	2
		油松	*Pinus tabulaeformis*	4
		黄刺玫	*Rosa xanthina*	1
		榆	*Ulmus pumila*	1
		紫木莲	*Magnolia liliflora*	1
		蜡梅	*Chimonanthus praecox*	7

3	玉澜堂	油松	*Pinus tabulaeformis*	2
		白松	*Pinus bungeana*	1
		海棠	*Malus spectabilis*	2
		国槐	*Sophora japonica*	3
		紫藤	*Wistaria sinensis*	2
		碧桃	*Prunus persica* 'Duplex'	2
		竹（早园竹）	*Phyllostachys propinqua*	1
		侧柏	*Platycladus orientalis*	16
		白兰	*Magnolia denudata*	2
		青桐	*Firmiana simplex*	2
		龙爪槐	*Sophora japonica* 'Pendula'	4

4	乐寿堂	油松	*Pinus tabulaeformis*	7
		桧柏	*Saliva chinensis*	7
		海棠	*Malus spectabilis*	12
		侧柏	*Platycladus orientalis*	9
		白兰	*Magnolia denudata*	14
		榆	*Ulmus pumila*	2
		芍药	*Paeonia lactiflora*	1
		紫藤	*Wistaria sinensis*	3
		白丁香	*Syringa oblata* var. *alba*	4
		紫木莲	*Magnolia liliflora*	1
		国槐	*Sophora japonica*	4
		迎春花	*Jasminum nudiflorum*	2

5	谐趣园	碧桃	*Prunus persica* 'Duplex'	4
		柳	*Salix babglonica*	16
		油松	*Pinus tabulaeformis*	5
		侧柏	*Platycladus orientalis*	24
		桧柏	*Saliva chinensis*	26
		白松	*Pinus bungeana*	1
		竹（早园竹）	*Phyllostachys propinqua*	5
		榆	*Ulmus pumila*	32
		海棠	*Malus spectabilis*	2
		榆叶梅	*Pinus triloba*	1
		栾树	*Koelreuteria paniculata*	1
		紫藤	*Wistaria sinensis*	1
		国槐	*Sophora japonica*	4
		紫木莲	*Magnolia liliflora*	2
		莲花	*Nelumbo mecifera*	1

6	写秋轩	榆叶梅	*Pinus triloba*	5
		油松	*Pinus tabulaeformis*	2
		白丁香	*Syringa oblata* var. *alba*	1
		榆	*Ulmus pumila*	4
		紫荆	*Cercis chinensis*	11
		桧柏	*Sabina chinensis*	1
		山桃	*Prunus davidiyana*	11
7	画中游	侧柏	*Platycladus orientalis*	56
		白松	*Pinus bungeana*	1
		油松	*Pinus tabulaeformis*	9
		栾树	*Koelreuteria paniculata*	1
		榆	*Ulmus pumila*	1
		紫荆	*Cercis chinensis*	1
		桧柏	*Saliva chinensis*	2
		山桃	*Pinus davidiava*	9

8	听鹂馆	海棠	*Malus spectabilis*	5
		连翘	*Forsythia suspensa*	2
		竹（早园竹）	*Phyllostachys propinqua*	2
		侧柏	*Platycladus orientalis*	1
		白玉兰	*Magnolia denudata*	2
		国槐	*Sophora japonica*	1
		龙柏	*Juniperus chinensis*	5
		白丁香	*Syringa oblata* var. *alba*	2
		百日红	*Lagerstroemia indica*	2
		雪松	*Cedrus deodara*	4

9	排云殿	侧柏	*Platycladus orientalis*	18
		白松	*Pinus bungeana*	2
		木瓜	*Cheanomeles sinensis*	2
		海棠	*Malus spectabilis*	4
10	排云门	桧柏	*Saliva chinensis*	22
		白松	*Pinus bungeana*	2
		油松	*Pinus tabulaeformis*	4
		侧柏	*Platycladus orientalis*	38
		牡丹	*Dicentra spectabilis*	2

11	云松巢 / 邵窝殿	侧柏	*Platycladus orientalis*	22
		白松	*Pinus bungeana*	7
		桧柏	*Saliva chinensis*	5
		连翘	*Forsythia suspensa*	3
		国槐	*Sophora japonica*	2
		紫丁香	*Syringa oblata*	2
		栾树	*Koelreuteria paniculata*	1
		椴树	*Tilia mongolica*	2

调查庭园树种分布统计表

No.	树种名	调查庭园										
		东宫门/仁寿殿	景福阁/益寿堂	玉澜堂	乐寿堂	谐趣园	写秋轩	画中游	听鹂馆	排云殿	排云门	云松巢/邵窝殿
1	侧柏	○	○	○	○	○	○	○	○	○	○	○
2	龙爪槐	○		○								
3	榆	○	○		○	○	○	○				
4	银杏	○										
5	油松	○	○	○	○	○	○	○			○	
6	海棠	○		○	○	○			○	○		
7	牡丹	○									○	
8	国槐	○	○	○	○	○	○		○			○
9	紫丁香	○	○									○
10	桧柏	○	○		○	○		○			○	○
11	白松			○		○		○		○	○	○
12	紫藤			○	○	○						
13	碧桃		○	○		○						
14	竹(早园竹)			○		○			○			
15	白玉兰			○	○				○			
16	青桐			○								
17	芍药				○							
18	白丁香		○		○		○		○			
19	紫木莲		○		○							
20	迎春花				○							
21	榆叶梅		○			○	○					
22	山桃		○					○				

续表

No.	树种名	调查庭园										
		东宫门/仁寿殿	景福阁/益寿堂	玉澜堂	乐寿堂	谐趣园	写秋轩	画中游	听鹂馆	排云殿	排云门	云松巢/邵窝殿
23	紫荆		○					○				
24	铺地柏		○									
25	黄刺玫		○									
26	柳（垂柳）					○						
27	栾树					○		○				○
28	木瓜									○		
29	连翘								○			○
30	雪松								○			
31	莲					○						
32	百日红								○			
33	龙柏								○			
34	蜡梅		○									
35	椴树											○

在本研究中，基于调查庭园中的植栽和花语的寓意，着眼于庭园空间表达、讨论庭园空间的表现和特征。根据庭园空间中种植植物的花语，寓意，思想、物质、精神、文化、现实和非现实的空间意象表达得十分丰富。而中国的植物象征寓意是深奥的东方文化的一个表现，所以通过花语所蕴含的寓意的研究也能深入了解其中所富含的东方文化。今后，根据皇家园林和私家园林中的植物花语而进行空间表现和设计手法的比较分析将是接下来的研究课题。

参考文献

[1] 北京市園林局頤和園管理処．頤和園建園 250 周年記念論文集，2000.

[2] 沈悦，熊谷洋一，下村彰男，小野良平．北京頤和園における景観形成と西湖景観の影響について：ランドスケープ研究 60(5)，1997：577-582.

[3] 頤和園設計室，頤和園文化研究室．頤和園磚彫芸術．北京燕山出版社，2000.

[4] 章俊華，高大偉．中国頤和園における煉瓦彫刻に関する調査研究．日本庭園学会論文集，2005.

[5] 王立導．吉祥図案．朝花美術出版社．葉応燧ら（2001）中華吉祥図中国旅游出版社，1987.

[6] 清華大学建築学院編．頤和園．中国建築工業出版社，2000.

[7] 汪菊渊．中国古代園林史綱要．北京林業大学出版社，1980：62-63.

[8] 周維権氏は頤和園に関する、「頤和園的排雲殿佛香閣：建築史論文集 NO.4」の論文や「中国古典園林建築」など数多くの著作をもつ研究者である.

[9] 金学智．中国園林美学．中国建築工業出版社，2005.

[10] 頤和園管理処．頤和園建築彩画芸術研究．頤和園建築彩画芸術，2005：1-10.

[11] 劉潞，崔永華．「耕織図」景観与石刻絵画．頤和園文化研究，2005：61-79.

[12] 魯忠民．頤和園の長廊画，「人民中国」誌，2005. No. 1-2006. No. 12.

[13] 任莅棣，高木真人，仙田満．中国の皇家庭園の廊的空間における利用者の滞留特性に関する研究．ランドスケープ研究 68(5)，2005：421-424.

[14] 曹林娣．中国園林文化：中国建築工業出版社，2005.

[15] 苑洪琪．从一幅図画看清漪園的耕織図：頤和園文化研究，2005：80-87.

[16] 張大明．頤和園長廊画彩画故事．新世界出版社，2002.

[17] 章俊華．中国皇家庭園頤和園における「扁額」からみた空間構成の特徴について：ランドスケープ研究 62(5)，1999：761-764.
[18] 祝丹，蓑茂寿太郎．北京・頤和園の敷地計画に見る歴史的積層性の研究 68(5)，2005：425-428.
[19] 中村公一．中国の花ことば．岩崎美術社，1988：1-3.
[20] 劉文昕．中国•清代の皇家園林．頤和園の庭園構成と植栽に関する研究．平成十五年度研究大会発表要旨集，2003.
[21] 楊先芬編．花卉文化与園林観賞．中国農業出版社，2005.
[22] 中村公一．中国の花ことば：岩崎美術社，1988.
[23] 蘇雪痕．植物造景：中国林業出版社，1994.
[24] 章俊華,赤坂信．中国頤和園における煉瓦彫刻からみた空間構成の特徴：ランドスケープ研究 69(5)，2006 ：413 -418.
[25] 章俊華．中国頤和園における植物の花ことばからみた庭園空間の表現と特徴．環境情報科学論文集２１，2007 ：201- 206.
[26] 章俊華．中国頤和園における長廊人物彩画からみた庭園空間の表現と特徴．環境情報科学論文集２３，2009 ：345-350.

4 承德避暑山庄庭园空间研究

高若飞（李煜 整理）

4.1 避暑山庄建筑构成的庭园空间的表现及特征

众所周知，建筑是中国古典庭园中重要的构成要素之一。在中国唯一的造园书——明代的《园冶》中，造园家计成以大量篇幅详细说明了庭园中建筑的布局、建筑与其他要素的关系以及各种常见的建筑类型。可以说，抛开建筑就无法理解和研究中国古典庭园。中国承德避暑山庄是清代皇帝的夏宫，是中国现存最大的皇家庭园。1994年避暑山庄及周围寺庙被列入《世界文化遗产名录》。避暑山庄是中国古代南北造园艺术和建筑艺术的完美融合。它包含了中国古代大部分的单体和组群建筑，是研究中国古典庭园和建筑的最重要的实例之一。

以往关于中国古典庭园中建筑构成的庭园空间的研究多以单一类型的建筑（如廊），对庭园空间的影响的研究为主，或者是对几个庭园的局部空间的对比研究。以一座庭园为研究对象，对其整个园内由建筑构成的空间的研究还很少。特别是对避暑山庄内的庭园空间的研究相对更少。所以本研究在既往研究的基础上，以避暑山庄内的庭园空间为研究对象，通过对构成空间的建筑类型，组合方式等方面的分析，明确各种类型空间的构成方式及特性。

避暑山庄绘画

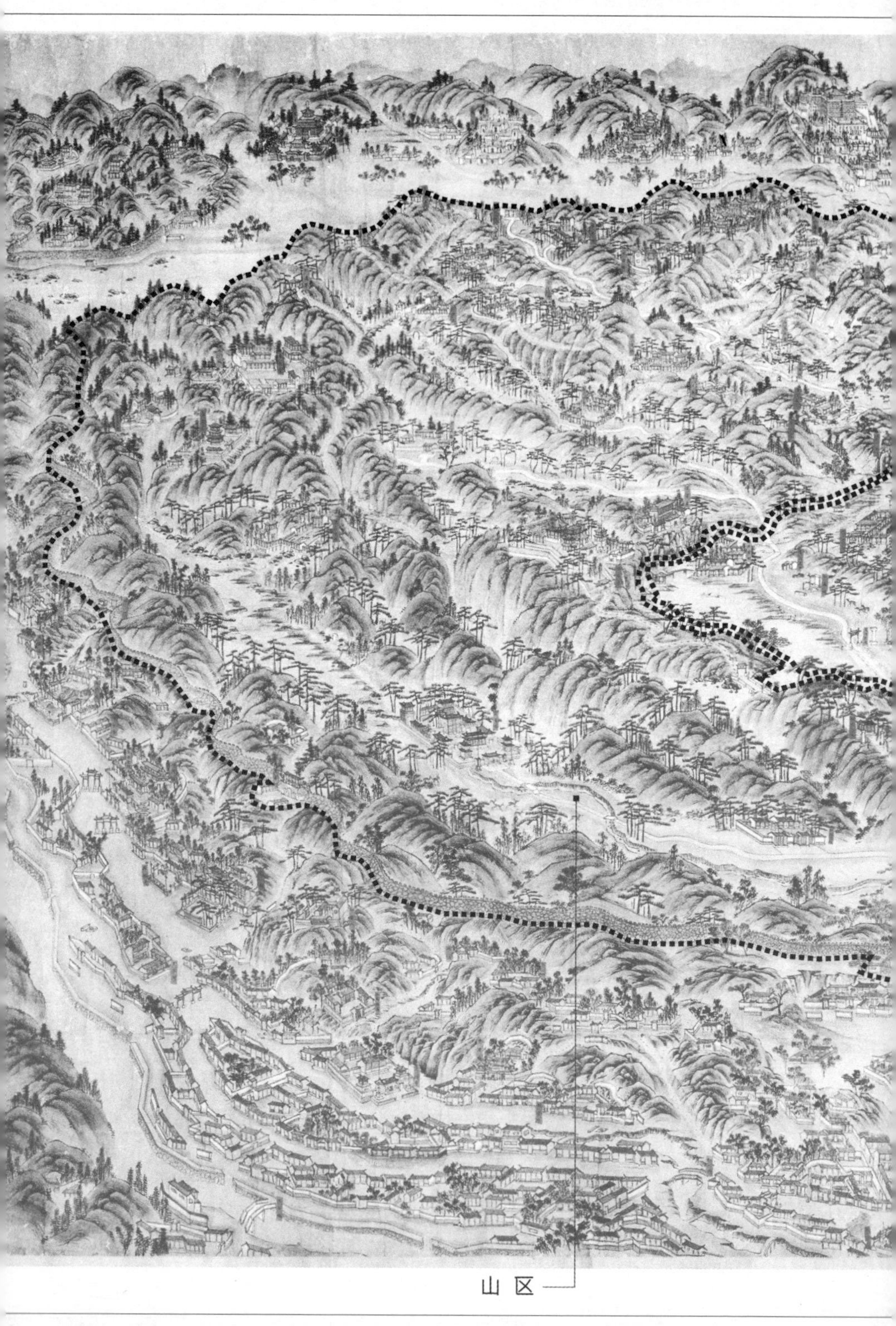
山区

宫殿区
平原区
湖 区

4.1.1 避暑山庄概况

避暑山庄，又名热河行宫、承德离宫。位于中国河北省承德市中心区北部，面积为564hm^2。始建于清代康熙四十二年（1703年），经历康熙、雍正、乾隆三个皇帝，于乾隆五十七年完成，历时89年。

避暑山庄融南北造园风格于一身，集各地名胜于一园，是中国古典园林艺术的集大成者，被誉为“中国古典园林的最高典范”。

整个园区由宫殿区、湖区、平原区和山区四部分组成。园内有建筑350多座，总建筑面积10万多平方米，在全园的180多处景点中，有三分之二是由建筑构成。

由于历史及战争的原因，避暑山庄内的大量景点曾被破坏，虽然整修工作一直在进行，但仍有部分景点尚未修复。因此，在本次研究中，以清代避暑山庄建成时的相关资料为基准，在测绘图和现场调查的基础上，部分庭园空间参照了复原图及历史资料，整理出了198组庭园空间作为研究对象进行研究。

QO31
QO32
QO33
QO30
QO29
QO28
QO34
QO35
QO36
Q26
Q24
Q25
K19
QO27
K10
K20
QO25
QO22
QO26
KO13
K21
QO24
K13
Q27
K9
Q23
QO11
Q22
QO23
KO12
Q28
QO18
QO10
Q36
Q35
K14
K29
K28
QO17
QO16
Q20
QO15
KO16
QO7
QO9
QO21
Q21
Q30
Q31
K15
Q29
QO14
KO11
K22
QO8
Q19
KO15
KO7
K25
K17
K35
Q34
K23
K31
QO19
QO20
QO6
K36
K5
K30
K33
Q17
Q18
Q32
Q15
KO6
K11
K18
Q33
K26
K32
K34
Q16
K27
K24
KO9
QO13
Q14
QO12
K3
K4
QO5
KO10
K12
Q13
K2
Q4
QO4
KO8
KO5
Q12
Q11
Q10
K16
K7
Q9
KO4
N
Q8
KO14
KO3
QO3
K8
K6
100 M
Q2
K1
QO1
Q3
QO2
Q7
KO2
KO1
Q6
Q1
熙36景
熙其他16景
隆36景
隆其他16景

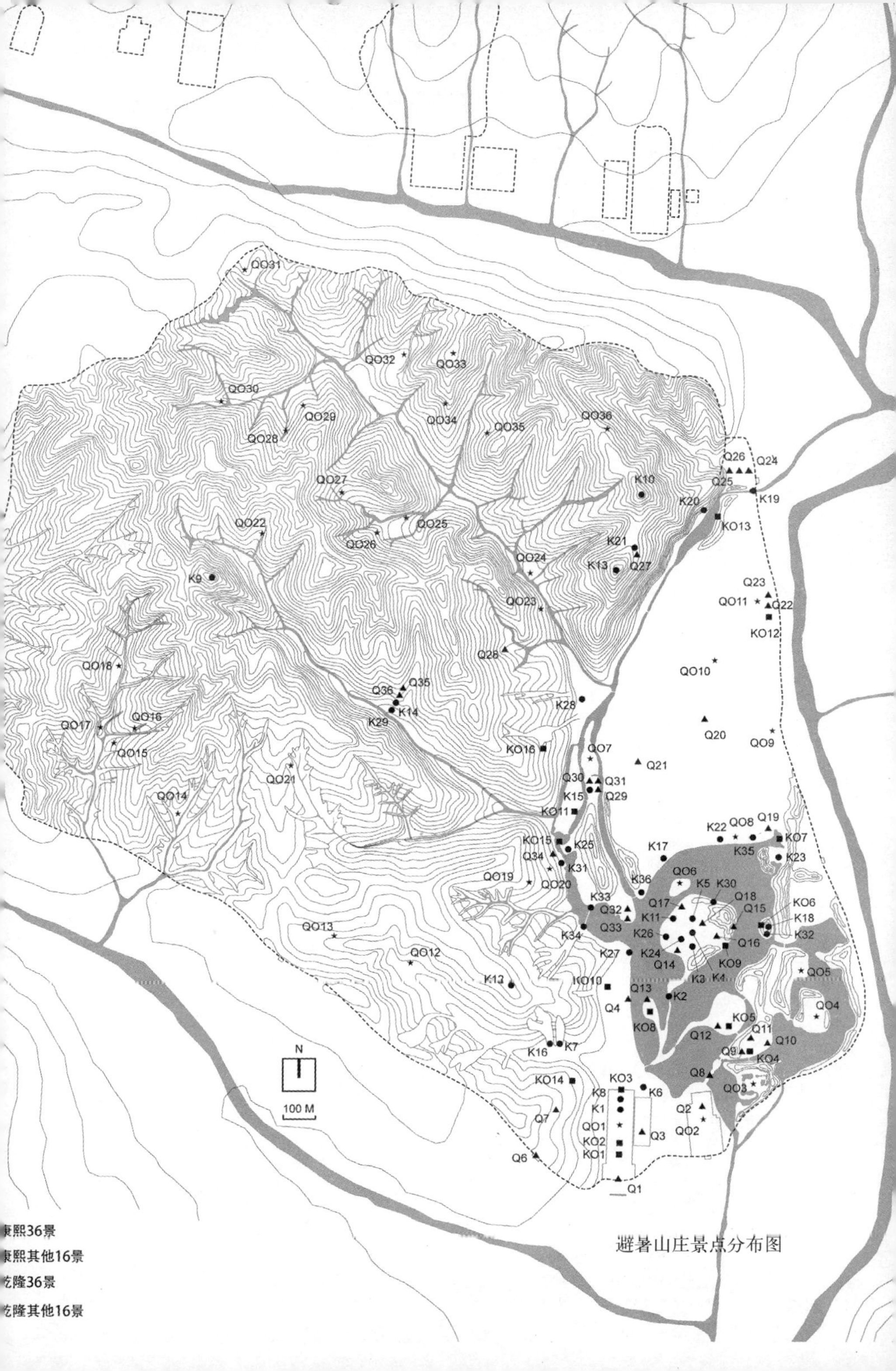

避暑山庄景点分布图

198 组庭园空间列表

编号	空间				景点	区域
	主要建筑	附属建筑	方式	类型		
1	丽正门	房/房/房/房	O-C	☆	Q1	宫殿区
2	避暑山庄（门）	门/门/门/门/门/房/房	C-C	☆	K01	
3	澹泊敬诚（殿）	殿/殿/廊/廊/亭/亭/门	C-C	☆	K02	
4	四知书屋（殿）	殿/廊/廊	O-C	★	Q01	
5	烟波致爽(殿)	门/廊/廊	O-C	○	K1	
6	云山胜地（楼）	房/房/廊/廊/殿	O-C	□	K8	
7	岫云门		P	□	K03	
8	松鹤斋	房/房/门	C-C	○	Q3	
9	乐寿堂	廊/廊/斋	O-C	○		
10	继德堂	房/房/廊/廊/门	O-C	○		
11	畅远楼	房/房/廊/廊/堂	O-C	□		
12	万壑松风(殿)	斋/廊/廊/廊/室/室	O-C	★	K6	
13	静佳室	廊/廊	O-C	○		
14	晴碧亭		P	□		
15	清音阁	房/房/楼/楼/楼	C-C	●	Q02	
16	勤政殿	殿/殿/廊/廊/廊/廊/楼	O-C	★	Q2	
17	卷阿胜境（殿）	房/房/廊/廊/殿	O-C	○		
18	松鹤清樾（门）		P	□	K7	山区
19	静余轩		O-C	○		
20	风泉清听（门）	房/房/廊/廊/廊/廊/门	P	□	K16	
21	秋澄斋	房/廊/廊/廊/门	O-C	□		
22	水心榭	门/门	ST	□	Q8	湖区
23	静好堂	堂/廊/廊/楼/廊	C-C	○	Q11	
24	畅远台	楼/廊/廊	ST	□	Q10	
25	萝月松风(殿)		P	□	K04	
26	清舒山馆	廊/堂	P	□		
27	承庆堂	廊/门/楼/廊	C-C	○		
28	颐志堂	廊/廊	P	○	Q9	
29	纳景堂	廊/门/廊	C-C	□	Q03	
30	清闵阁	楼/廊/房	SS	□		
31	占峰亭		P	□		
32	清淑斋		P	□		
33	小香幢（楼）	阁	SS	■		
34	探真书屋（室）	廊/廊/亭	O-C	○		
35	延景楼		P	□		
36	云林石室		P	□		
37	横碧轩		P	□		
38	如意湖（亭）		P	□	Q4	
39	冷香亭	廊	P	□	Q12	
40	静寄山房（殿）	门/亭/廊/廊/廊	O-C	○	K05	
41	月色江声（门）	廊/廊	P	□		
42	莹心堂	轩/廊/房/廊/門/廊	O-C	□		
43	湖山罨画(殿)	廊/殿/廊/堂/廊/殿/廊	C-C	□		
44	戒得堂	门/门/廊/廊/廊	C-C	○	Q04	
45	镜香亭	廊/门/廊/门/廊/门/廊	C-C	□		
46	问月楼		P	□		
47	群玉（亭）		P	□		
48	含古轩	廊/室/门/廊	C-C	○		
49	来薰书屋(室)	廊/室	C-C	○		
50	佳荫室	廊/门/廊/斋	C-C	□		

续表

编号	空间				景点	区域
	主要建筑	附属建筑	方式	类型		
51	品汇群芳(殿)	殿/殿/廊/廊/廊/廊/门	C-C	■	Q05	湖区
52	华敷屋(室)	楼/亭/廊/廊/廊	O-C	□		
53	上帝阁		P	■	K06	
54	芳洲亭	廊	P	□		
55	天宇咸畅(殿)	廊	P	○	K18	
56	镜水银岑(殿)	廊/门/廊	O-C	□	K32	
57	环碧(殿)	门	C-C	○	K08	
58	澄光室	门/廊/廊	C-C	□		
59	采菱渡	廊	P	●	Q13	
60	芝径云堤(门)	门	ST	□	K2	
61	无暑清凉(门)	廊/廊	P	□	K3	
62	延熏山馆	门/殿/殿/廊/廊/廊/廊	C-C	★	K4	
63	水芳岩秀(堂)	廊/廊/馆	C-C	○	K5	
64	观莲所(亭)	廊	P	□	Q14	
65	金莲映日(殿)	廊/廊/廊	P	□	K24	
66	清晖亭		P	□	Q15	
67	般若相(殿)	门/殿/殿/殿	O-C	■	Q16	
68	沧浪屿(室)	廊/门/亭	C-C	□	Q17	
69	西岭晨霞(楼)	廊	P	□	K11	
70	云帆月舫		P	□	K26	
71	澄波叠翠(亭)		P	□	K30	
72	一片云(楼)	房/楼/廊/台	C-C	●	Q18	
73	含润亭		P	□	K09	
74	烟雨楼	门/廊/廊	C-C	□	Q06	
75	青阳书屋(室)	亭/亭	SS	○		
76	对山斋	门/廊	C-C	□		
77	翼亭		P	□		
78	临芳墅	殿/殿/廊/廊/廊/廊/殿	O-C	□	Q32	
79	知鱼矶(门)	廊/廊	P	●	Q33	
80	双湖夹镜(门)	门	ST	□	K33	
81	长虹饮练(门)	门	ST	□	K34	
82	石矶观鱼(亭)		P	●	K31	
83	文津阁	亭/门/门/亭/台	C-C	□	Q07	
84	曲水荷香(亭)		P	□	K15	
85	千尺雪(亭)	廊/廊	P	□	Q29	
86	宁静斋	廊/廊/殿	O-C	□	Q30	
87	清敞楼	廊/廊/斋	O-C	□		
88	玉琴轩	廊/廊/殿	O-C	□	Q31	
89	观瀑亭	廊	P	□	K015	
90	瀑源亭		P	□		
91	笠云亭		P	□		
92	远近泉声(殿)	廊/廊/廊/榭	O-C	□	K25	
93	招凉榭	廊/廊	P	□		
94	聚香斋	廊/廊	O-C	□		
95	稼穑维艰(亭)		P	□	K011	
96	车配房	门/房/门/房/门	SS	●	K010	
97	芳渚临流(亭)		P	□	K27	
98	水流云在(亭)		P	□	K36	平原区
99	濠濮间想(亭)		P	□	K17	
100	莺啭乔木(亭)		P	□	K22	

续表

编号	空间				景点	区域
	主要建筑	附属建筑	方式	类型		
101	甫田丛樾(亭)		P	□	K35	平原区
102	苹香沜(殿)	亭/门	C-C	□	Q19	
103	香远益清（殿）		P	□	K23	
104	紫浮（殿）	门/廊/廊/殿/殿	C-C	□		
105	依绿斋	亭/门	C-C	□		
106	春好轩	殿/殿/廊/廊/廊/廊/门	C-C	□	Q09	
107	巢绿亭		P	□		
108	蒙古包		SS	☆	Q010	
109	嘉树轩		P	□	Q22	
110	同福寺（门）		P	■	K012	
111	山门	门/门/门	C-C	■		
112	能仁殿	殿/殿/殿/门/门/门	C-C	■		
113	乐成阁	门/门/门/门/台	0-C	■	Q23	
114	永佑寺（门）	门/门/门/门/门	0-C	■	Q011	
115	天王殿	楼/楼/门/门/门/门/门	C-C	■		
116	宝轮殿	殿/殿/殿/门/门/门/门	C-C	■		
117	后殿	殿/殿/殿/门/门/门	C-C	■		
118	舍利塔	殿/楼/房/门	C-C	■		
119	暖流暄波(殿)		P	□	K19	
120	望源亭		P	□	K013	
121	宿云檐(殿)	廊/廊/门	C-C	□	Q24	
122	澄观斋	门/门/门	C-C	□	Q25	
123	翠云岩(亭)	门/廊/廊	C-C	□	Q26	
124	瞩朝霞(亭)		P	□	K20	
125	山门	门/门	ST	■	Q019	山区
126	定慧门	门/门	0-C	■		
127	天王殿	楼/楼/门/门/门/门/门	C-C	■		
128	大须弥山(殿)	楼/殿/殿/亭/殿/门/门	C-C	■		
129	涌翠岩(殿)	房/门	SS	■	Q34	
130	自在天（楼）	房/房/殿/亭/门	C-C	■		
131	绿云楼	门/门	C-C	□	Q020	
132	水月精舍（斋）	廊/轩	SS	□		
133	锤峰落照(亭)		P	□	K12	
134	绮望楼	房/房/廊/廊/廊/廊/楼	C-C	□	Q6	
135	望鹿亭		P	□	K014	
136	碧峰寺（门）	门/门	SS	■	Q012	
137	天王殿	楼/楼/门/门/门/门/门	C-C	■		
138	法华宝殿	殿/殿/殿/门/门/门/门	C-C	■		
139	宗乘阁（楼）	殿/殿/殿/门/门/门/门	C-C	■		
140	味甘书屋(室)	廊/楼/亭/门/房	C-C	○		
141	有真意轩	廊/廊/楼/门	0-C	□	Q014	
142	亭	廊/亭/廊	ST	□		
143	对画亭		P	□		
144	香界阁	门/门/殿/殿/殿	C-C	■	Q015	
145	亭		P	□		
146	经畬书屋(室)		C-C	○	Q016	
147	振藻楼	门/廊/亭/廊/室/廊/楼/亭/廊	C-C ST	□		
148	秀起堂		P	□		
149	眺远亭		P	□		

续表

编号	空间				景点	区域
	主要建筑	附属建筑	方式	类型		
150	静含太古山房	楼/亭/廊/廊/门	C-C	□	Q017	山区
151	清凉甘露(亭)		P	□		
152	龙王庙（殿）		P	■	Q018	
153	食蔗居（殿）	殿/亭/门/廊/廊	C-C	□	Q021	
154	松岩亭		P	□		
155	灵泽龙王庙(亭)		P	■	K016	
156	澄泉绕石（亭）		P	□	K29	
157	梨花伴月（门）	廊/廊	P	□	K14	
158	永恬居（殿）	门/殿/殿/廊/廊/廊/廊	C-C	□	Q36	
159	素尚斋	殿/廊/廊	O-C	□	Q35	
160	创得斋	门/楼/楼/亭/廊/廊	C-C	□	Q022	
161	仙苑昭灵（殿）		P	■	Q024	
162	四面云山(亭)		P	□	K9	
163	云容水态(室)		P	□	K28	
164	旷观（楼）		P	□		
165	凌太虚（亭）		P	□	Q28	
166	清溪远流（殿）	房/房/廊/廊/门	C-C	□		
167	含粹斋	房/廊/廊/门	C-C	□		
168	水月庵（门）	门	ST	■	Q025	
169	主殿	殿/殿/门	C-C	■		
170	山心精舍（殿）		P	□		
171	放鹤亭		P	□		
172	众香胜处(殿)	廊/楼/亭/楼/堂	O-C	■	Q027	
173	天籁书屋（室）	廊/楼/廊/堂/廊	O-C	○		
174	松云楼	楼/廊	O-C	□		
175	含青斋	室/室/廊/廊/廊/廊/门	C-C	□	Q029	
176	楼	廊	P	□		
177	净练溪楼（室）	亭/廊	ST	□	Q028	
178	碧静堂	廊/楼/堂/廊	ST	□		
179	玉岑精舍(室)	廊/室/廊/亭/廊/亭/廊/斋/门	C-C ST	□	Q030	
180	罨画窗（亭）		SS	□	Q27	
181	霞标(殿)	殿/廊	C-C	□	K21	
182	青枫绿屿（殿）	榭/门	C-C	□		
183	风泉满清听(殿)	台/房/门	C-C	□		
184	北枕双峰（亭）		P	□	K10	
185	南山积雪（亭）		P	□	K13	
186	正殿	殿/殿/门	C-C	■	Q036	
187	山近轩	门/室/廊/廊/亭/楼/廊	C-C ST	□	Q035	
188	养粹堂	亭/廊/房/房/廊/门	C-C ST	□		
189	延山楼	门	P	□		
190	广元宫（门）		P	■	Q033	
191	仁育门	门/门/门/门/门/楼/楼	C-C	■		
192	仁育殿	室/斋/亭/门/门/门/门	C-C	■		
193	古俱亭		P	□		
194	翼然亭		P	□	Q034	
195	敞晴斋	门/室/楼/廊/廊	C-C	□	Q032	
196	宜照斋	廊/楼/廊/榭/门	C-C	□	Q031	
197	就松室	廊	P	□		
198	积嘉亭		P	□		

门

房

阁

廊

4.1.2 庭园中建筑的发展史

《园冶》中归纳了明代庭园中出现的 15 种建筑类型:门、堂、斋、室、房、馆、楼、台、阁、亭、榭、轩、卷、厅、廊。而清代的避暑山庄中已经没有了卷、厅这两种建筑形式，而增加了殿、塔、舫、蒙古包等 4 种建筑类型,共计 17 种建筑类型。

在商、周、秦、汉时期，台的出现标志着建筑开始应用于庭园之中。在魏晋南北朝时期，建筑形式和类型更加丰富多彩。隋唐时期，皇家园林中以建筑来围合空间的手法已有所应用。两宋时期,庭园中建筑已具备了后世所见的全部形象。到了元、明、清初，建筑在景观构成中的作用更为明显。在清代中叶及清末，建筑在园林中的密度和比重达到了有史以来的最大，在造景中起决定作用。承德避暑山庄就建成于该时期。

避暑山庄内 17 种建筑类型

4.1.3 建筑构成的庭园空间的表现及特征

本研究以王世仁的“主建筑决定庭园空间”的理论、周维权对颐和园庭园空间的分类方法以及贾珺对清代离宫御苑朝寝空间的研究为基础，结合文献资料对建筑和庭园的相关记载，将避暑山庄的庭园空间分为6种类型，分别为：庆典空间、政治空间、生活空间、娱乐空间、游赏空间以及宗教空间。以下分别对这6种空间的建筑构成的表现、方式以及特征进行考察。

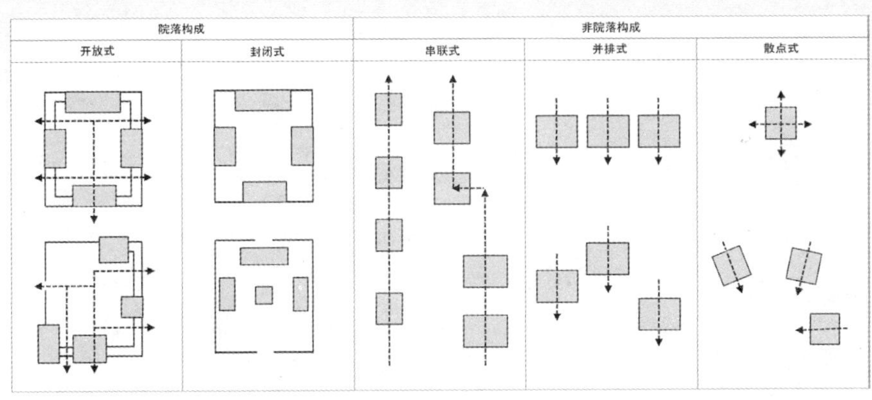

建筑构成方式

6 类空间中建筑的构成与组合方式

空间类型		庆典空间		政治空间		生活空间		娱乐空间		游赏空间		宗教空间	
数量（比例）		4 (2.0%)		4 (2.0%)		22(11.1%)		6 (3.0%)		128 (64.7%)		34 (17.2%)	
康熙36景		-		2		5		1		34		-	
康熙其他16景		2		-		3		1		10		3	
乾隆36景		1		1		4		3		22		3	
乾隆其他16景		1		1		6		1		23		12	
构成方式	开放式	1		3		9		-		15		5	
	封闭式	2		1		10		2		34		18	
	串联式	-		-		-		-		12		2	
	并排式	1		-		1		1		3		3	
	散点式	-		-		2		3		69		6	
建筑类型		主要建筑	附属建筑	主要建筑	附属建筑	主要建筑	附属建筑	主要建筑	附属建筑	主要建筑	附属建筑	主要建筑	附属建筑
	台	-	-	-	-	-	-	-	-	1	2	-	-
	殿	1	2	3	5	5	1	-	-	18	11	17	18
	馆	-	-	1	-	-	1	-	-	1	-	-	-
	阁	-	-	-	-	-	-	1	-	2	-	3	1
	门	2	6	-	1	-	11	1	3	9	40	9	72
	室	-	-	-	2	6	2	-	-	9	5	-	1
	楼	-	-	-	1	-	4	1	4	14	13	3	6
	榭	-	-	-	-	-	-	-	-	2	3	-	-
	房	-	6	-	-	-	9	1	5	1	10	-	-
	亭	-	2	-	-	-	4	2	-	44	14	1	2
	廊	-	-	-	13	-	39	-	3	-	63	-	5
	堂	-	-	-	-	7	2	-	-	5	4	-	1
	塔	-	-	-	-	-	-	-	-	1	-	1	-
	斋	-	-	-	1	1	1	-	-	15	3	-	1
	轩	-	-	-	-	2	-	-	-	5	2	-	-
	舫	-	-	-	-	-	-	-	-	1	-	-	-
	蒙古包	1	-	-	-	-	-	-	-	-	-	-	-
	数量	3	16	4	23	21	75	6	15	84	156	34	107
	总数	17		27		92		21		270		106	

(1) 庆典空间

避暑山庄的庆典空间主要集中在正宫区，共 4 个院落。约占本次调查的院落空间总数的 2%。

以满足皇帝生活和游览为主要目的的离宫避暑山庄，并没有过多的设置庆典空间。在能够满足庆典过程、营造皇帝的神圣性以及国家祭祀庆典等功能的同时，尽量减少了这类实际使用频率较低的空间的设置。

总建筑数量为 17 个，主建筑为 3 个，附属建筑为 16 个，其中有 2 个建筑分别作为两个邻接院落的主、附属建筑使用。从建筑的构成类型上看，庆典空间主要有门、殿、房、亭、蒙古包 5 类建筑。

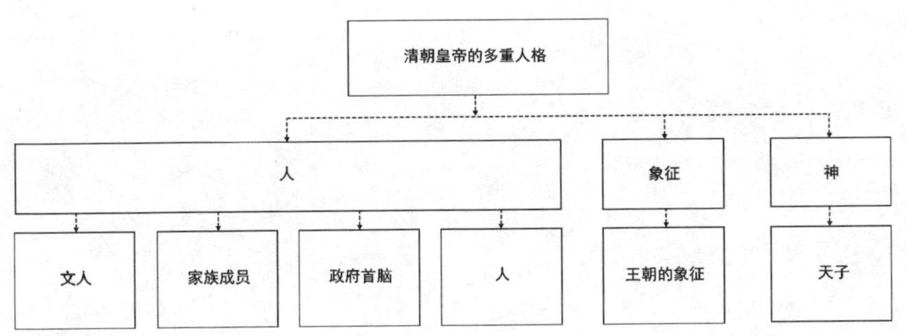

从丽正门到午门到避暑山庄门，最后到澹泊敬诚殿为止，由南至北的 3 个院落空间，是清代皇帝进行庆典的主要空间。在庆典过程中，身穿龙袍、高高在上的皇帝位于澹泊敬诚殿内，像神一样接受藩王臣子的叩拜，不同身份的王公大臣根据与皇帝的身体距离来显示等级差别。以宫门为界线，王公等位于澹泊敬诚殿所在空间，大臣位于避暑山庄门外的院落 2 空间，而次一级的官员则位于距离皇帝更远的午门外的院落 1 空间。整个空间及庆典过程显示了强烈的封建礼制意义。

可以看出，庆典空间与皇帝作为天子、王朝象征的属性是密切相关的。空间的主要目的是为了显示帝王的神圣、王朝的昌盛。而园门以内，两重宫门，以及中央大殿、左右朝房、配殿的建筑组合形式以及建筑规制较高的大殿、门殿、配殿等建筑类型的使用主要来源于庆典的程式化、等级化。乐亭的出现也是为了满足庆典中奏乐等使用要求设置。而这种程式化、等级化的使用需求决定了建筑类型较为单一，空间构成方式较为固定，模式化的空间特性，并体现了空间的神圣色彩。

澹泊敬诚殿

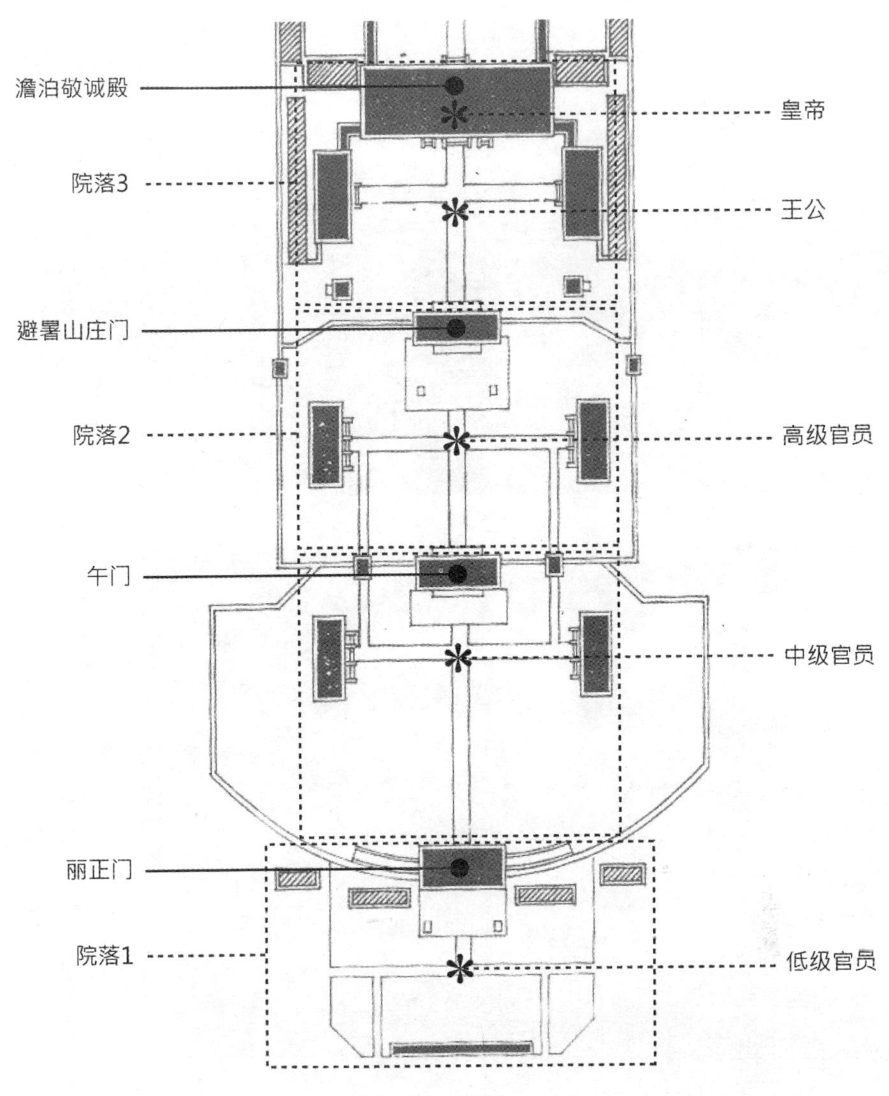

庆典空间院落

▲ 院落 1 景色

▼ 院落 2 景色

（2）政治空间

避暑山庄的政治空间主要分布在正宫、万壑松风、东宫以及如意洲 4 个景区中。共 4 个空间，约占空间总数的 2%。

从数量上看，与庆典空间相比，政治空间相对较多。从功能上看，政治空间作为帝王处理政务的场所，其使用频率也相对于庆典空间较多，而且集中于建筑密度较高的宫殿区。从空间位置上看，也多位于庆典空间之后。

政治空间的建筑总数量为 27 个。主建筑为 4 个，附属建筑为 23 个。在建筑类型上，政治空间主要有殿、馆、房、廊、斋、室、门 7 种类型构成。

在组合方式上，有殿—殿·廊、室·廊·斋、殿·楼·廊、馆—房·廊·殿 4 种方式。

以正宫院落 4 为例，院落空间由四知书屋殿，附属建筑东廊、西廊以及庆典空间的最后的建筑澹泊敬诚殿围合而成。皇帝在主殿处理政务，如召见大臣、批阅奏章、召开军机处会议等。在东宫的院落 5 中，主殿为勤政殿，附属建筑为东配殿、西配殿、两侧连廊以及建筑福寿阁。皇帝在此接见大臣、发布政令。

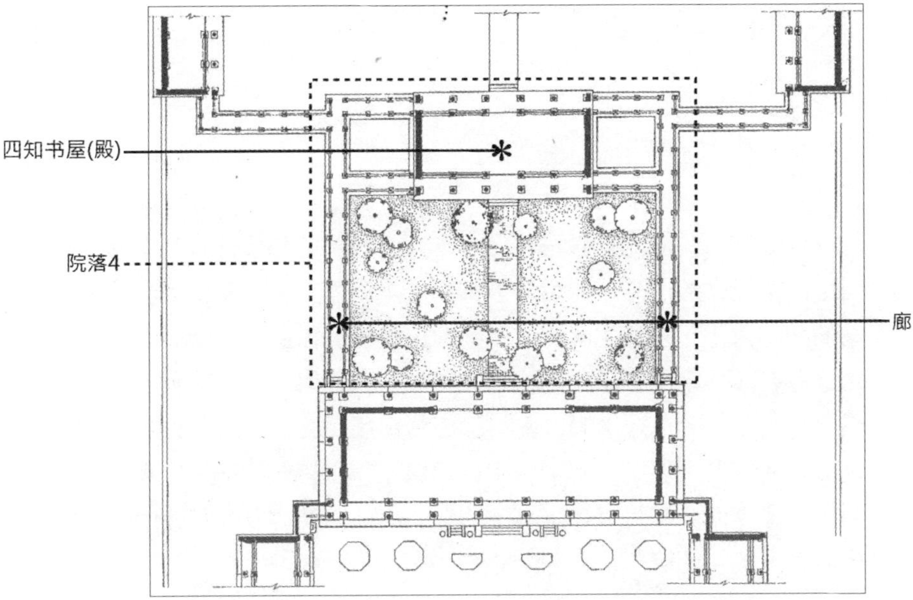

四知书屋(殿)

院落4

廊

院落 4 平面图

院落 4 景色

可以看出，政治空间是与皇帝作为政府首脑的属性相联系的。空间是政治活动的中心，使用频率很高。空间需要满足皇帝各种政务活动的功能需求。政治空间没有很高的庆典性的需求，其功能性的需求是最主要的。建筑类型较庆典空间多样，主建筑以一些规制稍小的殿、室、馆为主，附属建筑则以配殿、配房、廊等为主。组合方式上以中央皇帝使用的主建筑，两侧的用于大臣工作、等候的配房，或者是便于大臣往来的廊等附属建筑单纯的组合而成。一切以实用性的空间特性为准则，并显示了人性化的空间色彩。

(3) 生活空间

生活空间主要分布在宫殿区和湖区。正宫区有 10 个，分布在湖区的有 10 个空间，共 20 个空间，占空间总数的 14%。

由于不完全适应关内特别是北京的炎热气候，清代皇帝多在离宫内而不是紫禁城内理政及生活。因此避暑山庄内的生活空间在数量上相对较多，是皇帝及皇室成员食、住等日常起居活动的主要场所。基于生活环境以及便利程度的考虑，该类场所的分布也多位于湖区以及邻近湖区的宫殿区的北部。基于封建社会宫殿的“前朝后寝”的布局方式，宫殿区的生活空间也位于政治空间之后。

生活空间的建筑总数量为 92。主建筑 21 个，附属建筑 75 个，其中 4 个建筑作为邻接院落的主、附属建筑使用。在建筑类型上，有殿、馆、门、室、楼、房、亭、廊、堂、斋、轩 11 种类型。

在组合方式上有 22 种方式，其中主建筑堂、室各与附属建筑构成 7 种方式，殿与附属建筑构成 5 种，轩与附属建筑构成 2 种，斋与附属建筑构成 1 种方式。

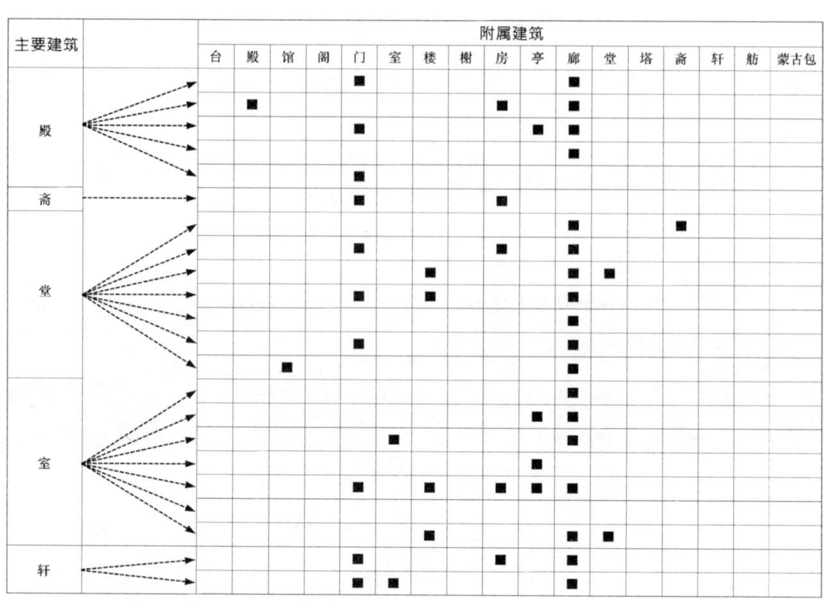

主要建筑	台	殿	馆	阁	门	室	楼	榭	房	亭	廊	堂	塔	斋	轩	舫	蒙古包
殿					■						■						
		■							■		■						
					■					■	■						
											■						
					■												
斋					■				■								
堂											■			■			
					■				■		■						
							■				■	■					
					■		■				■						
											■						
					■						■						
			■								■						
室											■						
										■	■						
						■					■						
										■							
					■		■		■	■	■						
							■				■	■					
轩					■				■		■						
					■	■					■						

生活空间建筑组合方式

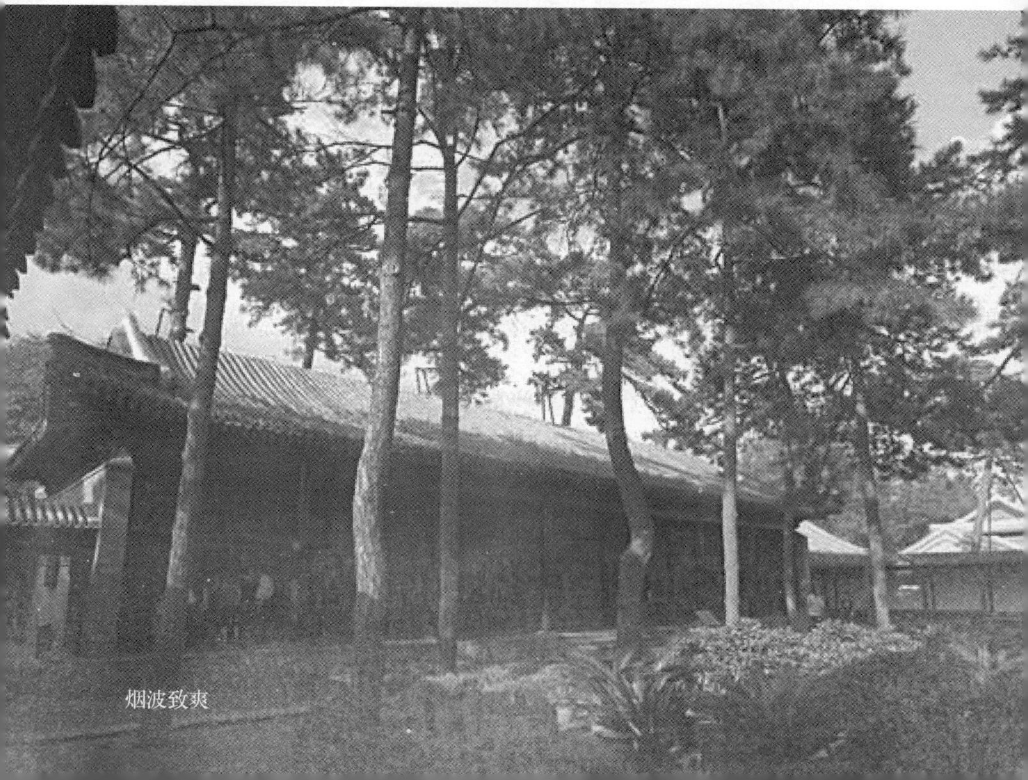

烟波致爽

正宫的院落5由主建筑烟波致爽殿、主建筑两侧半封闭的廊与门殿连通组成。主殿是皇帝就寝、进膳以及接见后妃皇子的场所，围廊则是方便皇帝交通之用，门殿是政治空间和生活空间的分界线。

如意洲上的生活空间，主建筑水芳岩秀（殿）曾为康熙皇帝的寝宫、皇太后的寝宫，乾隆时期，皇太后带领皇后、妃嫔和公主们在此举行乞巧盛会。主建筑两侧由廊与南面政治空间的主建筑延熏山馆相连。

生活空间是与皇帝作为个人和家庭生活成员的属性相联系的。空间主要满足皇帝及其皇室成员就寝、用膳、读书以及举行各种家庭活动等生活需要。因此根据使用者的地位、空间功能的不同，生活空间的构成方式也相对较为灵活。主建筑以用于居住的建筑类型殿、堂和适于读书学习的斋、室为主，附属建筑则多通过开放、半开放性的廊与殿、馆、门、斋等建筑连接。湖区的生活空间与宫殿区的生活空间相比受政治空间影响较少，附属建筑类型也较为丰富。与政治空间相比，生活空间的人性色彩也更为浓厚。

水芳岩秀

(4) 娱乐空间

娱乐空间与生活空间的分布类似，以宫殿区和湖区为主。娱乐空间分布在宫殿区的有 1 个，分布在湖区的有 5 个，共 6 个，约占整个园区内统计空间总数的 3%。

娱乐空间的数量较少，仅多于庆典空间，而娱乐空间的使用频率相对庆典空间较多。娱乐空间是皇帝及皇室成员除日常的起居生活外，进行看戏、游戏等娱乐活动的场所。由于娱乐活动与日常生活较为密切，所以娱乐空间的分布也多位于宫殿区与湖区中生活空间的附近。

娱乐空间的建筑总数量为 21 个。主建筑为 6 个，附属建筑为 15 个，其中无建筑作为两个邻接院落的主、附属建筑使用。娱乐空间主要由 6 种建筑类型构成，分别为:阁、门、楼、房、亭、廊。

建筑的组合方式共有 6 种，楼与附属建筑构成 2 种方式，阁、亭、门、房则分别与附属建筑构成 1 种方式。

娱乐空间建筑组合方式

主要建筑		附属建筑																
		台	殿	馆	阁	门	室	楼	榭	房	亭	廊	堂	塔	斋	轩	舫	蒙古包
阁	------→							■		■								
亭	------→											■						
楼	------→	■						■		■		■						
	------→																	
门	------→											■						
房	------→					■				■								

位于宫殿区东宫内的院落15是避暑山庄中主要的看戏场所。院落15中的主建筑福寿阁的二层是皇帝、太后及后妃等皇室成员看戏的场所，两侧的群楼则是大臣、外国使节以及蒙古王公的看戏场所，而正南的清音阁则是演戏的舞台，其两侧还设有扮戏房供演员使用。湖区如意洲的一片云院落与东宫院落15相似，为小型的看戏场所，北面主建筑一片云（楼）是皇帝看戏的场所，东侧群楼是大臣看戏的场所，正南为戏台——浮片玉（房），西侧为与中院落共用的连廊。另外北京的皇家庭园内的看戏场所如，圆明园中同乐园内的清音阁院落以及颐和园内德和园的大戏楼院落的空间构成也与此类似。

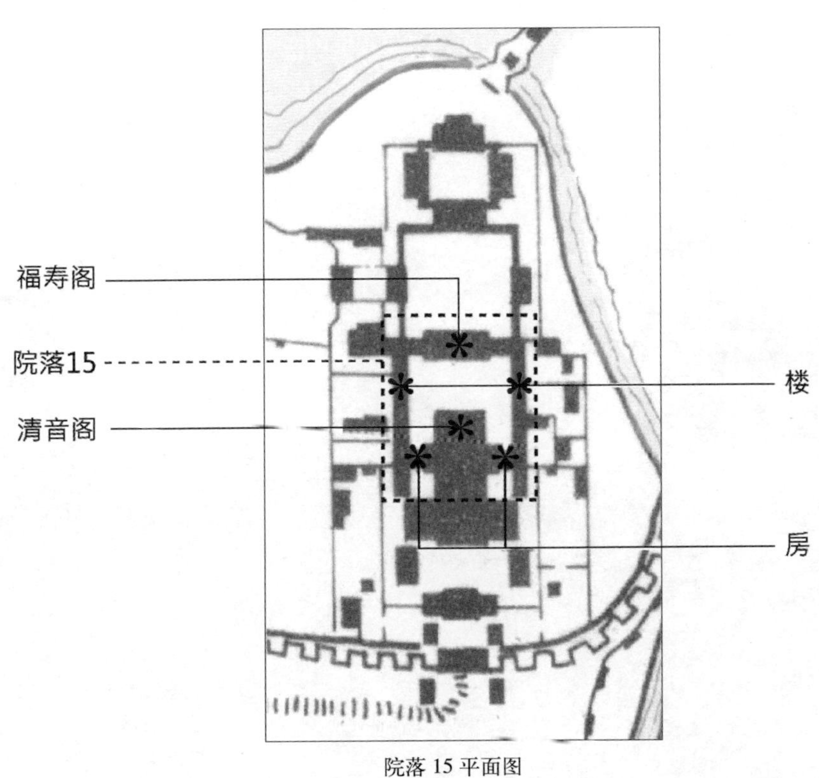

院落 15 平面图

另一类娱乐空间则是位于湖区的芳园居，又称买卖街。空间由主建筑正房，附属建筑门房、东西配房和后房围合成四合院式院落。芳园居是山庄内最大的皇家仓库，同时也具备宫廷中的买卖街的功能，为皇帝及皇室成员提供了体验民间街市乐趣的场所。北京的皇家庭园中的圆明园和颐和园中，也设置有类似的买卖街。

娱乐空间则是与皇帝作为个人、家庭成员、政府首脑的三重属性相关的。在娱乐空间中，看戏、逛街等娱乐方式在满足皇帝个人享乐需求的同时，与家族成员、政府官员等共同娱乐的形式也反映出了皇帝作为家长和首脑对家族的关爱和对下属官员的体恤。构成娱乐空间的建筑类型相对较少，构成方式根据具体的娱乐内容也较为固定，空间则具有较强的模式化的特性和浓重的人性色彩。

（5）游赏空间

游赏空间有很少一部分分布在宫殿区，集中在宫殿区向湖区的过渡区域，共4个。其余大部分的游赏空间主要集中在风景秀美的湖区、平原区和山区。其中湖区有54个，平原区有17个，山区有53个。共128个游赏空间，占空间总数的64.7%。

游赏空间是数量最多的空间类型，也是庭园的主要构成部分。正是由于皇帝厌倦了北京紫禁城内封闭、单调的建筑布局和炎热的夏季，才兴建了大量的皇家庭园，特别是规模巨大的承德避暑山庄。建筑与山水、植物构成的多种多样的游赏空间则满足了清代皇帝的文人般的山水情怀。在布局上，位于宫殿区的游赏空间则多紧邻生活空间。

此次统计的游赏空间的建筑总数量为270个。主建筑为128个，附属建筑为170个，其中有28个建筑作为两个邻接院落的主、附属建筑使用。游赏空间的建筑类型也是最为丰富的。在17种建筑类型中，除蒙古包外，其他的16种类型均有出现。而舫和榭这两种类型则只在游赏空间中出现。

建筑的组合方式共有106种类型。具体组合如下表所示。

游赏空间建筑组合方式

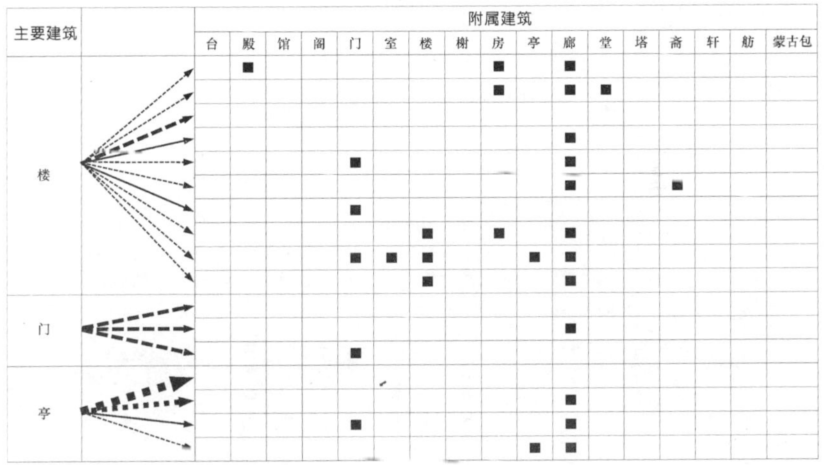

主要建筑	台	殿	馆	阁	门	室	楼	榭	房	亭	廊	堂	塔	斋	轩	舫	蒙古包
楼		■							■		■						
									■		■	■					
											■						
					■						■						
											■			■			
					■												
							■		■		■						
					■	■	■			■	■						
							■				■						
门																	
											■						
					■												
亭																	
											■						
					■						■						
										■	■						

续表

主要建筑		附属建筑																
		台	殿	馆	阁	门	室	楼	榭	房	亭	廊	堂	塔	斋	轩	舫	蒙古包
斋						■				■		■						
						■						■						
			■									■						
												■						
						■					■							
						■												
												■				■		
						■		■			■	■						
						■	■					■						
						■	■	■				■						
						■		■	■			■						
榭						■												
												■						
台								■				■						
殿																		
			■									■	■					
						■						■						
												■						
			■									■						
									■			■						
						■					■							
			■			■						■						
			■			■					■	■						
						■				■		■						
						■			■									
		■				■				■								
馆												■						
堂																		
						■						■						
						■				■		■				■		
								■				■	■					
						■				■	■	■						
阁								■		■		■						
		■				■					■							
室																		
						■						■			■			
								■			■	■						
						■						■						
						■					■	■						
											■	■						
						■	■				■	■			■			
												■						
轩																		
			■									■						
			■			■						■						
						■		■				■						
						■	■	■			■	■						
舫																		
房						■		■			■	■						

2 → 3 - - - → 4 ⟶ 6 ···· → 35 ■ ■ ■ ▶

位于宫殿区正宫北侧的院落 6 和出口以及松鹤斋北部的院落 11 和出口，是宫殿区与湖区的过渡区域。主建筑都以两层的楼和装饰性较强的垂花门来实现赏景和框景的功能，附属建筑则延续了宫殿区生活空间的东西照房或东西廊的类型和构成方式。

而分布湖区、平原区、山区的游赏空间中也有与宗教空间相结合的案例。如湖区供奉花神的花神庙的东院落即为游赏空间，由华敷屋（室）、俊秀楼、亭和廊围和而成。

而更多的是独立分布的游赏空间，其中很多空间具备生活空间的功能和特性，兼作皇帝的临时起居之用。

游赏空间与清代皇帝作为个人、文人的属性是紧密相关的，在另一个侧面也反映了其作为天子的人格属性。在避暑山庄的良好的山水构架中，根据皇帝个人兴趣和爱好而营造的游赏空间，满足了皇帝在理政之余，怡情山水的愿望。另一方面，诸多仿天下名胜的游赏空间也体现了皇帝以此作为王朝象征的想法和愿望。而能够与生活、宗教空间结合，与山水构架结合构成丰富景观的游赏空间，在建筑类型上极为丰富，在构成方式上也更加自由、灵活，体现了诗意化的空间特性，以及浓厚的文人色彩。

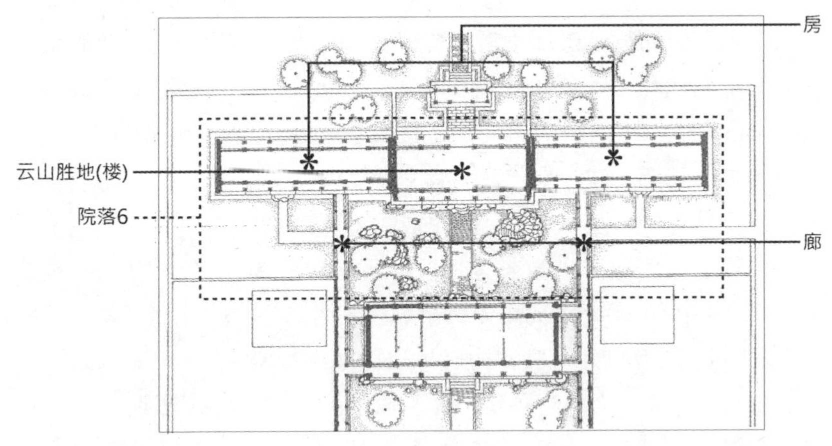

院落 6 平面图

云山胜地

（6）宗教空间

宗教空间主要集中在湖区、平原区和山区。其中湖区有 4 个，平原区有 9 个，山区有 21 个。共计 34 个空间，占空间总数的 17.2%。

宗教空间的数量仅次于游赏空间，却略多于生活空间，是满足皇帝的精神归属和心理依托的主要场所。以供奉佛、道为主的宗教空间同时也体现了一定的政治意义，它与山庄外的 12 座喇嘛庙共同象征了国家统一以及满、蒙、藏、汉等多民族的融合。在布局上，宗教空间多独立设置，个别也与游赏空间相结合。

宗教空间的建筑总数量为 106 个。主建筑为 34 个，附属建筑为 107 个，其中有 35 个建筑作为两个邻接院落的主、附属建筑使用。宗教空间主要由 10 种建筑类型构成，分别为：殿、阁、门、室、楼、亭、廊、堂、塔、斋。而塔这种建筑类型则只在宗教空间中出现。

在组合方式上，有 34 种方式，其中主建筑殿与附属建筑构成 16 种方式，阁与附属建筑构成 4 种，楼与附属建筑构成 3 种，门与附属

宗教空间建筑组合方式

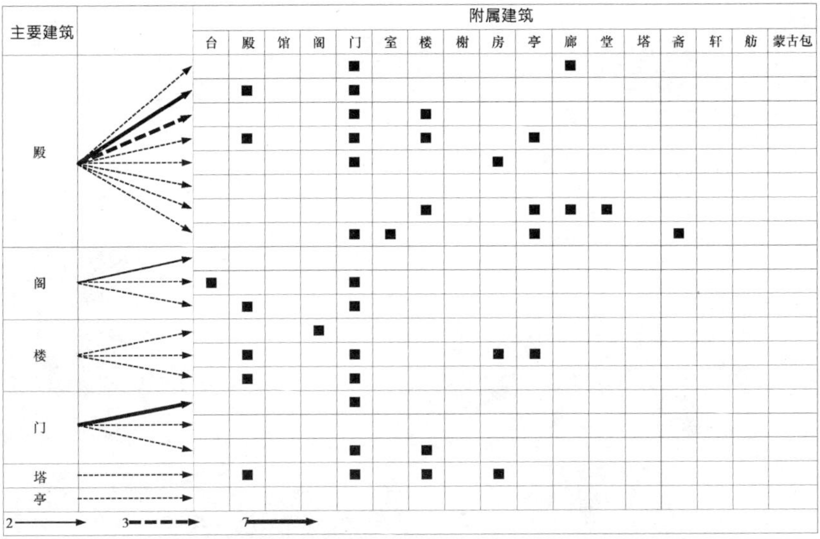

主要建筑	台	殿	馆	阁	门	室	楼	榭	房	亭	廊	堂	塔	斋	轩	舫	蒙古包
	附属建筑																
殿					■						■						
		■			■												
					■		■										
		■			■		■			■							
					■				■								
							■			■	■	■					
					■	■				■				■			
阁																	
	■				■												
		■			■												
楼				■													
		■			■				■	■							
		■			■												
门					■												
					■		■										
塔		■			■		■		■								
亭																	

2 ——→　3 - - -→　7 ━━→

建筑构成 9 种，塔和亭各与附属建筑构成 1 种方式。

湖区的金山岛是宗教空间与游赏空间的结合。其主建筑上帝阁内供奉道教诸神，同时 3 层高的上帝阁与周围殿、亭、门、廊的组合结合人工的叠石筑山，构成了湖区的景观中心，同时空间内不同高度的场所也是湖区最好的赏景点。

平原区的佛寺永佑寺内的舍利塔在满足宗教功能的同时，也构成了平原区的景观制高点。

宗教空间与皇帝作为凡人、政府首脑的双重属性密切相关。它一方面是皇帝作为普通人的宗教信仰的场所；另一方面，它也是皇帝作为多民族国家的统治者，实行民族怀柔政策、实现民族团结的外在表现。除部分兼备游览空间特性的宗教空间的建筑类型较为多样，组合方式较为灵活外，大部分宗教空间的建筑类型比较单一，组合方式也较为固定，具有较强的模式化的空间特性，体现了神圣的空间色彩。

金山岛

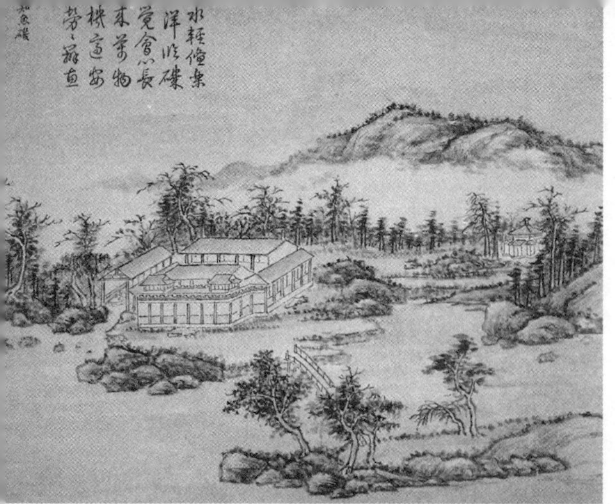

試馬榆陰
錦埭平流
珠歘玉袨雲
名驪黃牝
牡皆形相
騏驥惟當
識性情
右試馬埭

綠溆朝涵菡
蘭葉日菊滄
浪之水清淪
潔寥芳無限
趣那更分別
足和纓
右滄浪嶼

4.1.4 结论

由 17 种建筑类型以及 121 种组合方式构成的 6 种不同属性、丰富表现和特性的 198 组庭园空间组成了被誉为“中国古典园林的最高典范”的避暑山庄。6 种属性的空间从数量和比例上，都符合了清代帝王的园居生活的要求，即集庆典、处理政务、生活、娱乐、赏景和宗教信仰的诸方面的需求于一园。

具象到具体的庭园空间，其建筑类型、组合方式、庭园的表现以及空间特性都与空间的使用者，即清代帝王的人格属性和具体行为模式密切相关。具体的表现是：

(1) 与皇帝作为天子、王朝象征的属性相关的庆典空间以较为单一的建筑类型和固定化的构成方式，体现了模式化的空间特性及神圣的空间色彩。

(2) 与皇帝作为政府首脑的属性相关的政治空间以较为多样的建筑类型和单纯的构成方式，体现了空间的实用化特性以及人性化的色彩。

(3) 与皇帝作为凡人、家庭成员的属性相关的生活空间以多样的建筑类型和灵活的构成方式，体现了自由化的空间特性以及浓厚的人性色彩。

(4) 与皇帝作为凡人、家长、首脑的属性相关的娱乐空间，其建筑类型较少，构成方式也较为固定，体现了模式化的空间特性以及人性化的空间色彩。

(5) 与皇帝作为凡人、文人的属性相关的游赏空间以极为丰富的建筑类型和更加自由、灵活的构成方式体现了复杂化、诗意化的空间特性以及文人性的空间色彩。

(6) 与皇帝作为凡人、政府首脑的属性相关的宗教空间的建筑类型较为单一，构成方式也较为固定，体现了模式化的空间特性以及神圣的空间色彩。

4.2 避暑山庄亭与地形、水的空间构成

建筑、地形与水（山水）和植物是中国古典园林的 3 个基本构成要素，而亭又是其中最为重要的建筑类型（金，2005）。由于具有造型多样、设置灵活等特性，亭在中国古典园林中被广泛应用，独自或与其他要素组合构成了丰富的景观，所以有“无园不亭”（高等，1996）之说。可以说亭是研究中国古典园林空间不可缺少的方面。

承德避暑山庄是清代皇帝的夏宫，是中国现存最大的天然山水型皇家园林。1994 年避暑山庄及其周围庙宇被列入《世界文化遗产名录》。它是研究中国古典园林最重要的实例之一。山庄内共有景点 120 处，其中由亭参与构成的景点有 67 处，占一半之多。所以对山庄内亭的研究对于更好地理解避暑山庄的景观和空间是非常重要的。

关于亭的既往研究多集中于历史、造型、构造等亭自身和代表性亭的布局、空间构成和特性等。关于避暑山庄内亭的既往研究，代表性的亭的造型、位置、特性以及相关文化等方面被阐述说明。而以一个庭园为对象，对其中全部的亭及其空间构成的研究目前还没有。本研究以承德避暑山庄内亭和亭周边的地形和水为对象，旨在明确山庄内亭与地形、水的空间构成和特征。

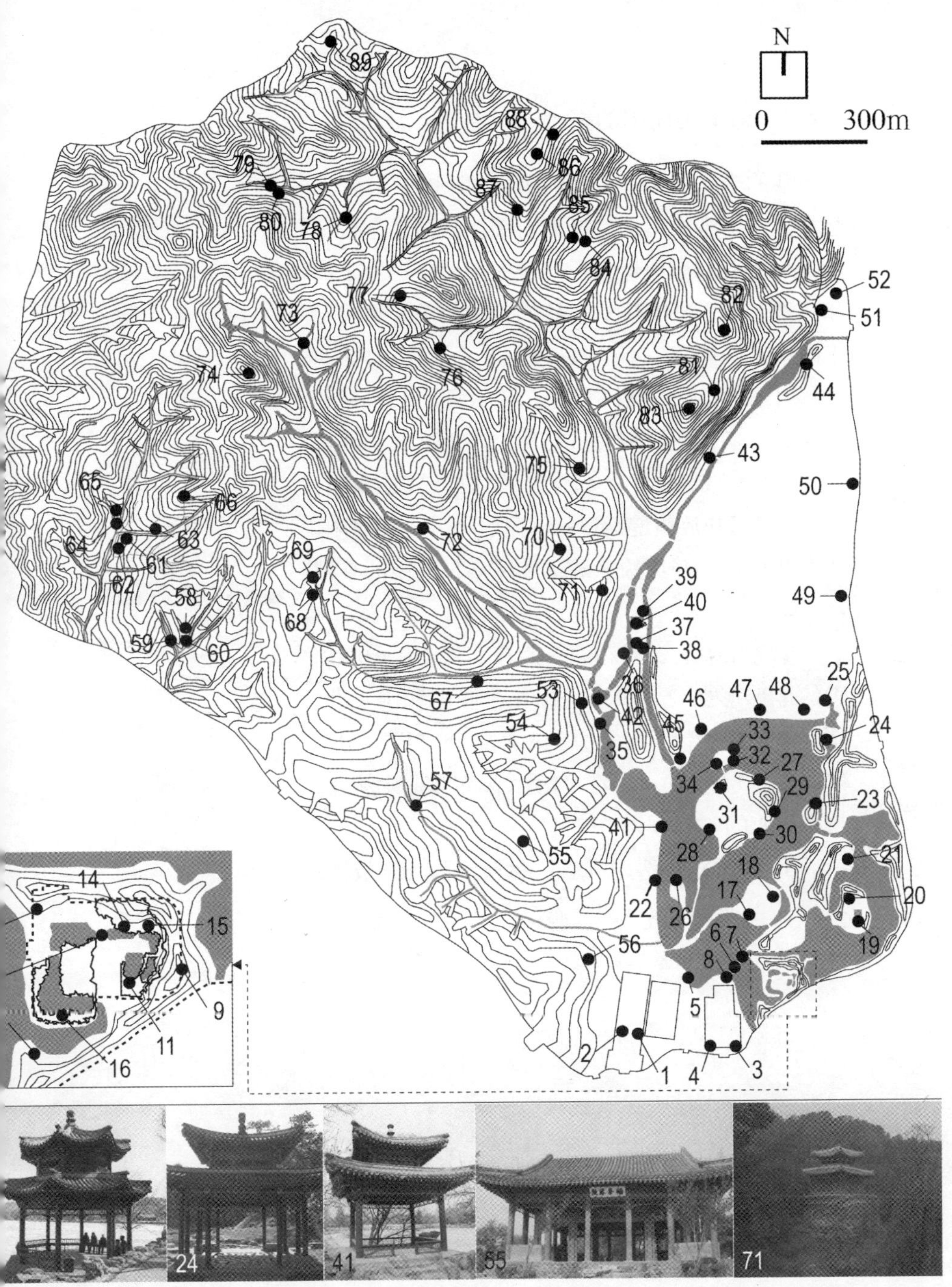

亭的分布

4.2.1 避暑山庄中的亭

亭的造型主要决定于平面造型和屋顶造型。避暑山庄中亭的平面造型见右图。屋顶造型进一步分为檐数和屋顶形式，其中檐数有单檐、重檐和三檐。由于亭的体量与柱的数量相关，可将山庄内亭的体量分为小型（4~8 柱）、中大型（10~24 柱）。山庄内亭的材料有木瓦、木草、木砖瓦和铜 4 种。基于亭的相关研究和山庄中亭的具体用途，山庄内的亭的可分为游赏、保护、娱乐、宗教、庆典。根据开放程度，可分为开放、半开放和封闭，其中开放和半开放的亭被称为凉亭，封闭的亭被称为暖亭。

参考相关的资料和调查资料，将山庄内亭周边的地形形态分为平地、山丘、假山和山 4 种，将亭与地形的位置关系分为 9 种。将亭周边的水体形态分为无水、湖池、河溪、瀑布和曲水流觞，将亭与水的位置分为 10 种。

将亭的分布、造型、体量、材料、用途、开放性、亭周边的地形与水体的形态以及亭与它们的位置关系进行了分类整理。

亭的造型、体量及与地形、水体的关系

编号	分区	名称	平面	屋顶 檐数	屋顶 造型	柱数	材料	功能	开放性	亭与地形	亭与水体
1	宫殿区	东乐亭	P1	E1	R2	4	M1	F5	O1	L1	W1
2	宫殿区	西乐亭	P1	E1	R2	4	M1	F5	O1	L1	W1
3	宫殿区	东井亭	P1	E1	R1	4	M1	F2	O1	L1	W1
4	宫殿区	西井亭	P1	E1	R1	4	M1	F2	O1	L1	W1
5	湖区	晴碧亭	P5	E2	R1	8	M1	F1	O1	L1	W4
6	湖区	水心榭中亭	P2	E2	R2	8	M1	F1	O1	L1	W5
7	湖区	水心榭北亭	P1	E2	R1	16	M1	F1	O1	L1	W5
8	湖区	水心榭南亭	P1	E2	R1	16	M1	F1	O1	L1	W5
9	湖区	占峰亭	P3	E1	R1	6	M1	F1	O1	L4	W6
10	湖区	过桥亭	P2	E1	R2	4	M2	F1	O2	L1	W8
11	湖区	牣鱼亭	P4	E2	R1	6	M1	F1	O1	L2L3	W3
12	湖区	临溪亭	P5	E2	R1	8	M1	F1	O1	L3	W3
13	湖区	缭青亭	P1	E1	R1	4	M1	F1	O1	L3	W2
14	湖区	枕烟亭	P1	E1	R2	4	M1	F1	O1	L2L3	W3
15	湖区	吐秀亭	P1	E1	R1	4	M1	F1	O1	L2L3	W3
16	湖区	凝岚亭	P1	E1	R1	4	M1	F1	O1	L1L2	W3
17	湖区	冷香亭	P1	E1	R2	16	M1	F1	O1	L1	W2
18	湖区	积翠亭	P1	E2	R1	4	M1	F1	O1	L1	W2
19	湖区	镜香亭	P1	E1	R2	4	M1	F1	O1	L1	W3
20	湖区	群玉亭	P1	E1	R1	6	M1	F1	O1	L1L2	W2
21	湖区	花神庙方亭	P1	E1	R1	4	M1	F1	O1	L1L2	W2
22	湖区	如意湖亭	P6	E1	R3	12	M1	F1	O1	L1	W3
23	湖区	芳洲亭	P1	E1	R1	4	M1	F1	O1	L3	W3
24	湖区	含澄景亭	P1	E2	R1	12	M1	F3	O1	L5	W2W10
25	湖区	萍香泮	P1	E1	R1	4	M1	F1	O1	L1	W2
26	湖区	采菱渡	P3	E1	R1	6	M3	F1	O1	L1	W3
27	湖区	澄波叠翠	P2	E1	R2	24	M2	F1	O2	L3	W3
28	湖区	观莲所	P1	E1	R2	24	M1	F1	O3	L1	W2
29	湖区	清晖亭	P1	E1	R1	4	M1	F1	O1	L3	W3
30	湖区	含润亭	P2	E1	R2	16	M1	F1	O1	L1	W4
31	湖区	佳趣亭	P1	E1	R2	4	M1	F1	O2	L3	W3
32	湖区	朗润亭	P1	E1	R1	4	M1	F1	O1	L1	W2
33	湖区	佳处亭	P5	E1	R1	8	M1	F1	O1	L1	W3
34	湖区	翼亭	P4	E1	R1	6	M1	F1	O1	L1L2	W2
35	湖区	石矶观鱼	P2	E1	R2	6	M1	F3	O1	L6	W3
36	湖区	稼穑维艰	P1	E1	R1	4	M1	F1	O1	L1	W3
37	湖区	曲水荷香	P1	E2	R1	16	M1	F3	O1	L1	W6W10
38	湖区	千尺雪半亭	P2	E1	R2	4	M1	F1	O2	L1	W7W9
39	湖区	碑亭	P1	E1	R1	4	M1	F2	O1	L1	W2
40	湖区	文津岛趣亭	P1	E1	R1	4	M1	F1	O1	L1L2	W2
41	湖区	芳渚临流	P1	E2	R1	4	M1	F1	O1	L1	W3
42	湖区	观瀑亭	P1	E1	R1	16	M1	F1	O1	L1	W4W9
43	湖区	瞩朝霞	P1	E1	R1	4	M1	F1	O1	L6	W2
44	湖区	望源亭	P4	E2	R1	6	M1	F1	O1	L6	W4
45	平原区	水流云在	P7	E2	R3	20	M1	F1	O1	L1	W2
46	平原区	濠濮间想	P4	E1	R1	6	M1	F1	O3	L1	W2
47	平原区	莺啭乔木	P7	E1	R3	8	M1	F1	O3	L1	W2
48	平原区	甫田丛樾	P1	E1	R1	4	M1	F1	O1	L1	W2
49	平原区	巢翠亭	P5	E2	R1	16	M1	F1	O1	L1	W1
50	平原区	嘉树轩	P2	E1	R2	16	M2	F1	O3	L1	W1
51	平原区	澄观斋亭	P4	E1	R1	6	M1	F1	O1	L6	W1
52	平原区	翠云岩	P2	E1	R2	12	M1	F1	O1	L6	W1
53	山区	涌翠岩方亭	P1	E1	R1	4	M1	F1	O1	L7	W9
54	山区	宗镜阁	P2	E2	R2	12	M4	F4	O3	L7	W1
55	山区	锤峰落照	P2	E1	R2	20	M1	F1	O1	L8	W1
56	山区	望鹿亭	P5	E1	R1	8	M1	F1	O1	L7	W1
57	山区	回溪亭	P2	E1	R2	16	M1	F1	O1	L9	W8
58	山区	对画亭	P1	E1	R1	4	M1	F1	O1	L7	W1
59	山区	台亭	P2	E1	R2	4	M2	F1	O3	L9	W8
60	山区	有真意轩亭	P1	E1	R1	4	M1	F1	O1	L9	W6
61	山区	香界阁	P4	E3	R1	6	M1	F4	O3	L7	W1
62	山区	鹫云寺南亭	P5	E1	R1	8	M1	F1	O1	L9	W6
63	山区	秀起堂方亭	P1	E1	R1	4	M1	F1	O3	L9	W6
64	山区	静含太古山房趣亭	P1	E1	R1	4	M1	F1	O3	L9	W7
65	山区	清凉甘露	P1	E1	R2	4	M1	F1	O3	L9	W7
66	山区	眺远亭	P5	E1	R1	8	M1	F1	O1	L8	W1
67	山区	瀑源亭	P4	E2	R1	6	M1	F1	O1	L9	W7
68	山区	倚翠亭	P1	E1	R1	4	M1	F1	O3	L9	W6
69	山区	松岩亭	P1	E1	R1	4	M1	F1	O3	L9L2	W7
70	山区	笠云亭	P1	E1	R1	12	M1	F1	O1	L7	W1
71	山区	灵泽龙王庙	P1	E2	R1	12	M1	F4	O3	L7	W1
72	山区	澄泉绕石	P2	E1	R2	8	M1	F1	O1	L9	W6
73	山区	石门上亭	P1	E1	R1	12	M1	F1	O1	L9	W8
74	山区	四面云山	P1	E1	R1	16	M1	F3	O1	L8	W1
75	山区	凌太虚	P1	E1	R1	4	M1	F1	O1	L7	W1
76	山区	放鹤亭	P1	E1	R1	12	M1	F3	O1	L8	W1
77	山区	沧州趣	P1	E2	R1	12	M1	F1	O3	L7	W1
78	山区	碧静堂门亭	P5	E2	R1	8	M1	F1	O3	L9	W7
79	山区	涌玉亭	P6	E2	R3	12	M1	F1	O3	L9	W8
80	山区	玉岑精舍积翠亭	P1	E1	R1	4	M1	F1	O3	L9	W6
81	山区	翯画窗半亭	P1	E1	R2	2	M1	F1	O2	L7	W1
82	山区	北枕双峰	P1	E1	R1	24	M1	F1	O1	L8	W1
83	山区	南山积雪	P1	E1	R1	24	M1	F1	O1	L8	W1
84	山区	古松书屋	P1	E1	R1	4	M3	F1	O3	L2L7	W1
85	山区	簇奇廊	P2	E1	R2	16	M1	F1	O3	L7	W1
86	山区	馨德亭	P2	E2	R1	12	M1	F4	O3	L8	W1
87	山区	翼然亭	P1	E1	R1	4	M1	F1	O1	L7	W1
88	山区	古俱亭	P1	E2	R1	16	M1	F1	O1	L8	W1
89	山区	积嘉亭	P7	E2	R2	10	M2	F1	O2	L7	W1

平面造型：P1方形 P2矩形 P3圆形 P4六边形 P5八边形 P6十字形 P7其他

屋　顶：（檐数）E1单檐 E2重檐 E3三檐　（造型）R1攒尖顶 R2歇山顶 R3其他

体　量：（小型）4-8柱　（中大型）10-24柱

材　料：M1木瓦 M2木砖瓦 M3木草 M4铜

功　能：F1游赏 F2保护 F3娱乐 F4宗教 F5庆典

开放性：O1开放 O2半开放 O3封闭

亭与地形：L1平地 L2假山-顶 L3山丘-底 L4山丘-顶 L5山丘-谷 L6山脚 L7山腰 L8山顶 L9山谷

亭与水体：W1无水 W2临近-湖池 W3贴近-湖池 W4延伸-湖池 W5跨越-湖池 W6临近-河溪 W7贴近-河溪 W8跨越-河溪 W9临近-瀑布 W10曲水流觞

亭的造型、体量及与地形、水体的关系

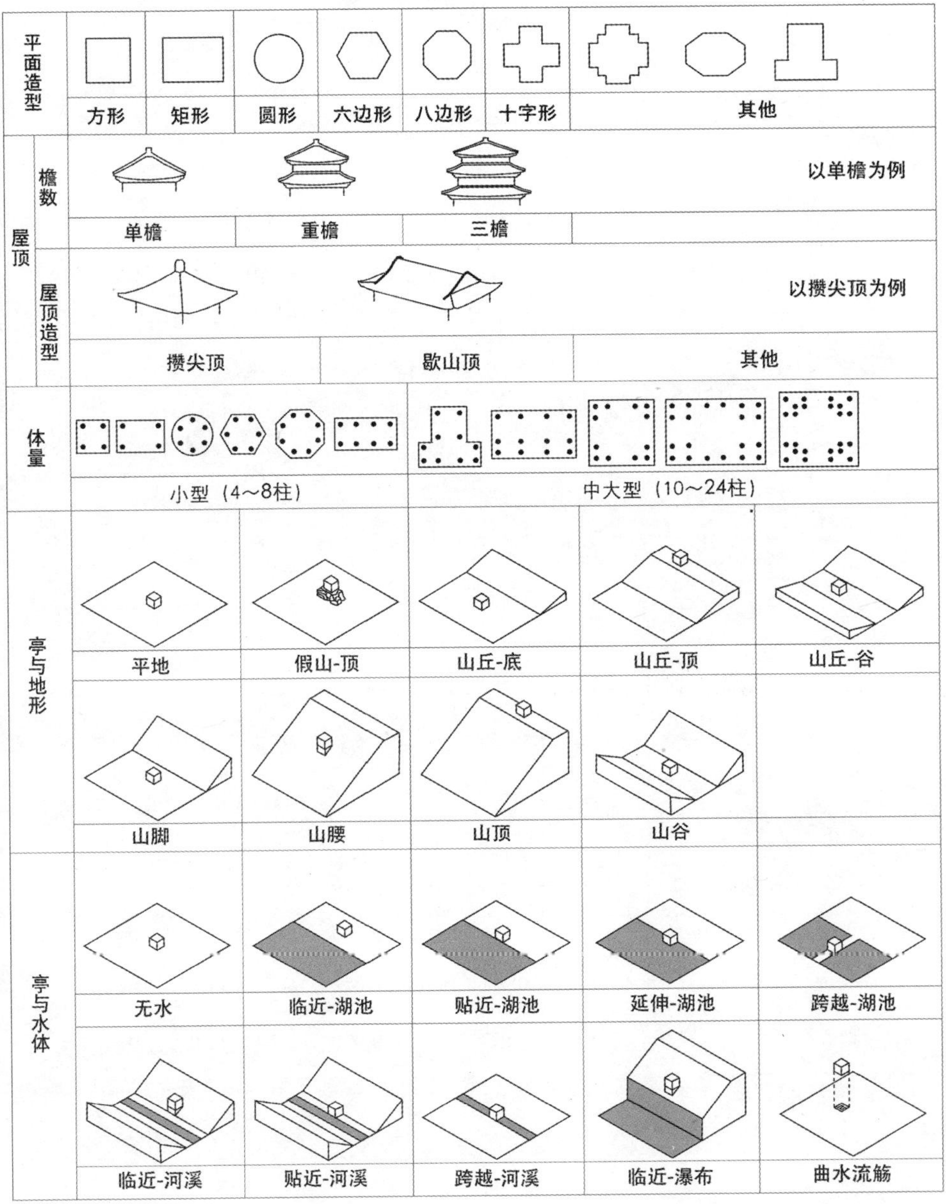

平面造型		方形	矩形	圆形	六边形	八边形	十字形	其他
屋顶	檐数	单檐	重檐	三檐				以单檐为例
	屋顶造型	攒尖顶	歇山顶	其他				以攒尖顶为例
体量		小型（4～8柱）	中大型（10～24柱）					
亭与地形		平地	假山-顶	山丘-底	山丘-顶	山丘-谷		
		山脚	山腰	山顶	山谷			
亭与水体		无水	临近-湖池	贴近-湖池	延伸-湖池	跨越-湖池		
		临近-河溪	贴近-河溪	跨越-河溪	临近-瀑布	曲水流觞		

4.2.2 亭与地形、水的空间构成

山庄内共有亭 89 座，并在 4 个区域都有分布。亭的造型丰富，共有 19 种，总体倾向为几种造型简单的亭为主，多种造型别致的亭为辅。山庄内小型亭居多，中大型亭略少。在材料上，木瓦建造的亭占绝大多数，山庄内唯一一座铜亭位于山区。山庄内的亭绝大多数为游赏性亭，另外还有游赏兼娱乐的亭，庆典性亭，保护性亭和宗教性亭。山庄内凉亭占大多数，在亭内可以休息并欣赏外部景观，暖亭相对较少。基于山庄内亭与地形的 9 种位置关系和亭与水的 10 种位置关系，得出以下 8 大类型的亭与地形、水的空间构成。

亭的分布密度

	宫殿区		湖区		平原区		山区		总数
面积（hm²）	10.4	1.9%	59.4	10.5%	55.2	9.8%	439	77.8%	564
数量	4	4.5%	40	44.9%	8	9.0%	37	41.6%	89

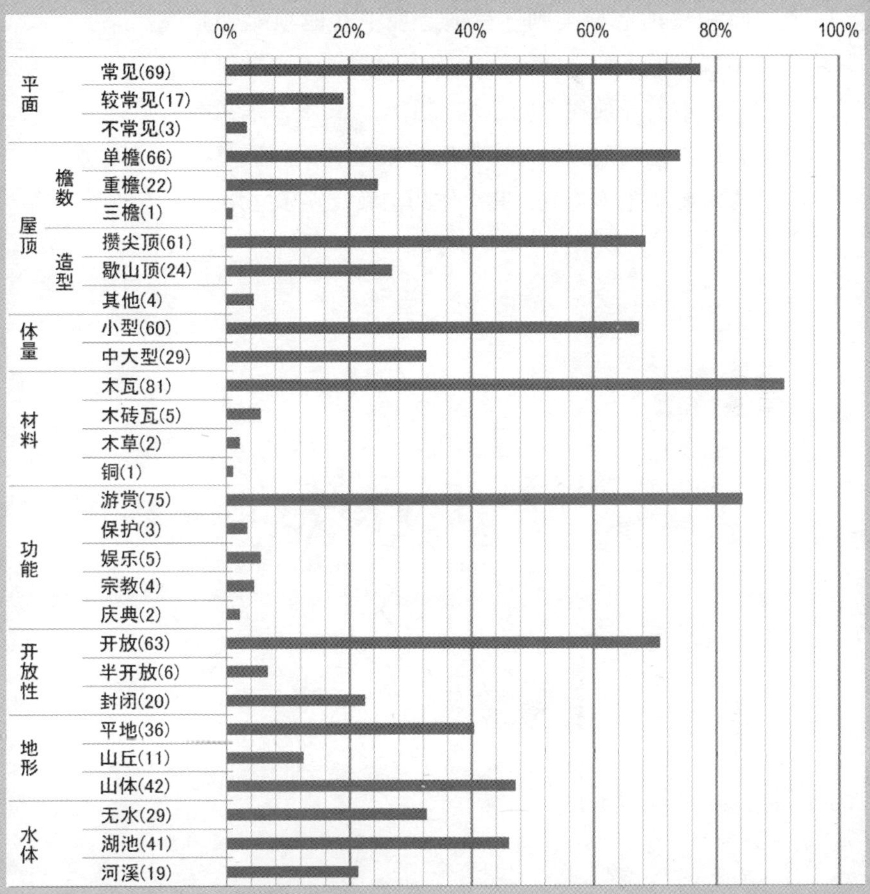
亭的分布比例
0%
20%
40%
60%
80%
100%
平面
常见(69)
较常见(17)
不常见(3)
屋顶
檐数
单檐(66)
重檐(22)
三檐(1)
造型
攒尖顶(61)
歇山顶(24)
其他(4)
体量
小型(60)
中大型(29)
材料
木瓦(81)
木砖瓦(5)
木草(2)
铜(1)
功能
游赏(75)
保护(3)
娱乐(5)
宗教(4)
庆典(2)
开放性
开放(63)
半开放(6)
封闭(20)
地形
平地(36)
山丘(11)
山体(42)
水体
无水(29)
湖池(41)
河溪(19)

（1）类型一：山腰，无水型

此类亭共 14 座，占总数的 15.7%，均位于山区中。由于这些亭地处山腰，不靠近水体，因此称此种空间构成方式为山腰，无水型。

此类型的亭具有丰富的造型，涵盖所有的平面和屋顶造型类别（屋顶造型中其他项除外）。小型与中大型亭所占比例相当。四种不同材料及三种不同开放程度的亭均有出现。其中，木瓦亭为最常见的形式，凉亭与暖亭数量齐平。该类亭的主要功能为游赏，其次作为宗教及娱乐之用。

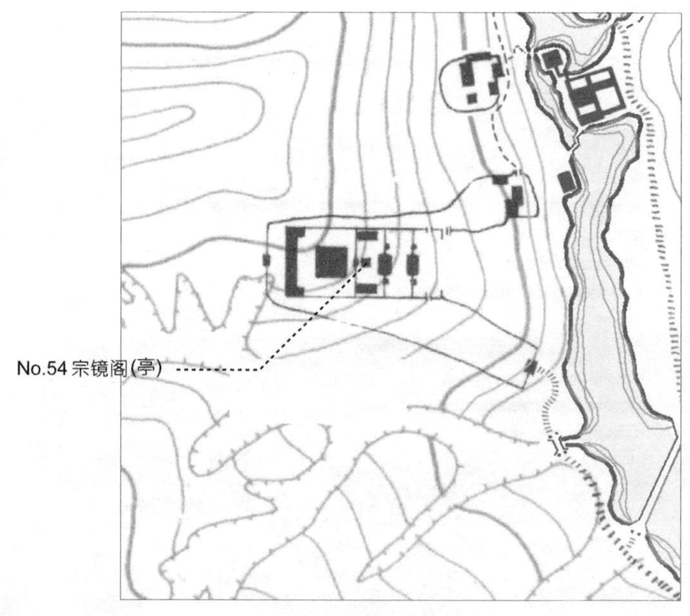

No.54 宗镜阁

宗镜阁历史照片

宗镜阁废墟

(2) 类型二：山顶，无水型

此类亭共 7 座，占总数 7.9%，均位于山区。由于它们地处山顶，不靠近水体，因此称此种空间构成方式为山顶，无水型。

此类型的亭造型种类较少，通常呈现为造型简洁，体量中等。亭的材料均为木瓦。功能方面，多数为游赏，小部分作为宗教和娱乐之用。

北枕双峰亭

视域
N
100m

北枕双峰亭位置
No.82 北枕双峰

（3）类型三：平地，山脚型

此类亭共 17 座，占总数的 19.1%，由于它们地处平地和山脚，因此把这种空间构成方式称为平地，山脚型。平地型亭通常远离水体，分布于宫殿和平原区。此外，还有相当部分的亭位于湖区与宫殿区，湖区与山区，平原区与山区中的过渡地带。

该类亭通常造型简洁，体量小巧，多数为木瓦材料，开放性程度较高。功能方面，除宗教功能外，涵盖其余所有类别。

乐亭位置

(4) 类型四：临近－湖池型

此类亭数量最多（18座），占总数的20.2%。由于它们临近湖面或水池，因此其空间构成称为临近－湖池型。此类亭较多地分布于湖区及平原区与湖区的过渡地带。

造型方面，涵盖所有的平面及除三檐顶外的屋顶形式。这些亭均为木瓦材料，小型体量者居多。绝大多数亭用于游赏，保护和娱乐亭各有一座。20、21、34和40号亭位于小型假山之上，相应地体量也较小。同时为了突出假山，亭也多采用简单造型。45、46、47及48号亭位于平原区和湖区的过渡区域，沿澄湖的北岸布置。多样的造型和体量增加了单调的过渡区景观的变化性。

水流云在

（5）类型五：临近－河溪型

此类亭共 8 座，占总数的 9.0%。由于它们靠近河流和小溪，故将其空间构成方式称为临近－河溪型。较多数亭位于山区内的山谷中。

这些亭在造型上并无太大变化，简洁、小巧者最为常见。所有的亭均由木瓦材料建造。开放性方面，凉亭为主导形式。功能上，主要为游赏亭，其中有一座作为娱乐之用。为了与周边的小溪取得尺度上的平衡，6 座位于山丘谷地中的亭的体量也较小。

37 号曲水荷香亭的创建源自“曲水流觞”的典故，作为游乐宴饮之所，体量较大。同时，该亭靠近河流也为“曲水”氛围的营造带来便利。

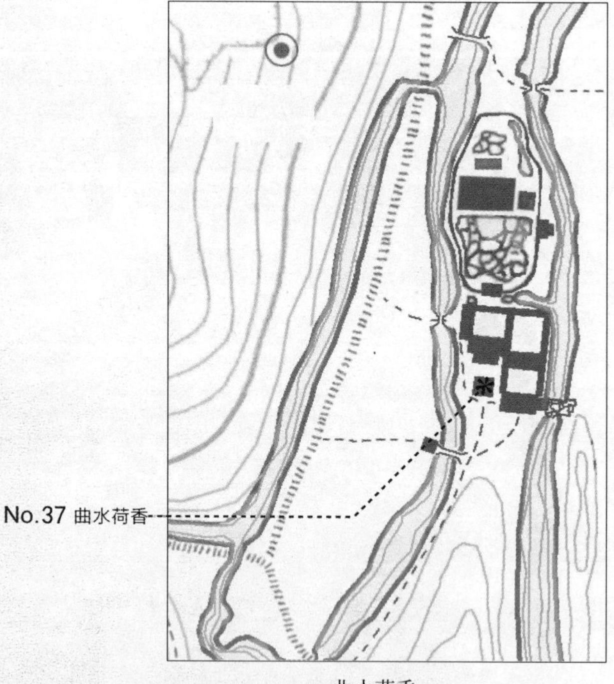

曲水荷香

曲水荷香

(6) 类型六：山谷，临近—河溪型

此类亭共 5 座，占总数的 9.0%，均分布于山区。由于地处山谷，且靠近河流及小溪，故称此种空间构成形式为山谷，临近—河溪型。

这些亭在造型上并无巨大差异，简洁造型者居多，且一般体量较小，由木瓦材料建造。功能上，均作为游赏场所。由于地处山区，温度差异大，暖亭占多数。暖亭的门窗可根据需要开启或关闭，因此必要时也可转变为凉亭。

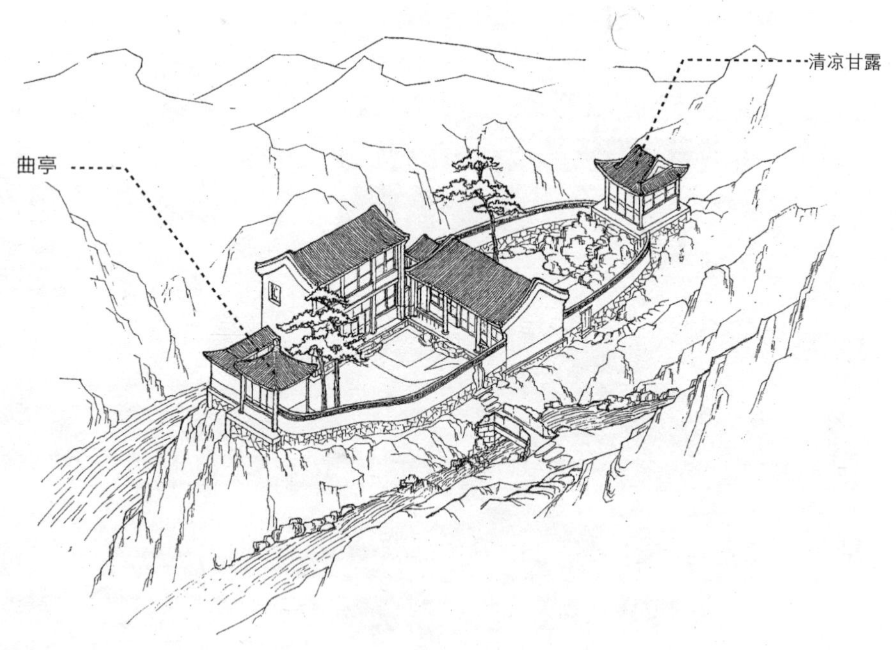

曲亭与清凉甘露

（7）类型七：跨越—河溪型

此类亭共5座，占总数的5.6%。由于这些亭坐落于河流和小溪之上，故称这种空间构成形式为跨越—河溪型，且均分布于山区。

这些亭的造型种类较少，多为简单的木瓦亭。跨河溪而设的位置要求它们具有中型体量。开放性方面，凉亭与暖亭数量相当。该类别的亭均作游赏之用。

过桥亭

回溪亭

（8）类型八：贴近—湖池型

此类亭共 15 座，占总数的 16.9%，均分布于湖区。由于这些亭紧贴湖面和水池而设，故称这种空间构成方式为贴近—湖池型。多数亭位于山丘底部的湖池边，通过亭与人工地形的结合来增加湖区竖向景观的丰富性。

这类亭的造型变化并不多，常为简洁的小型木瓦亭。所有亭均作游赏之用。

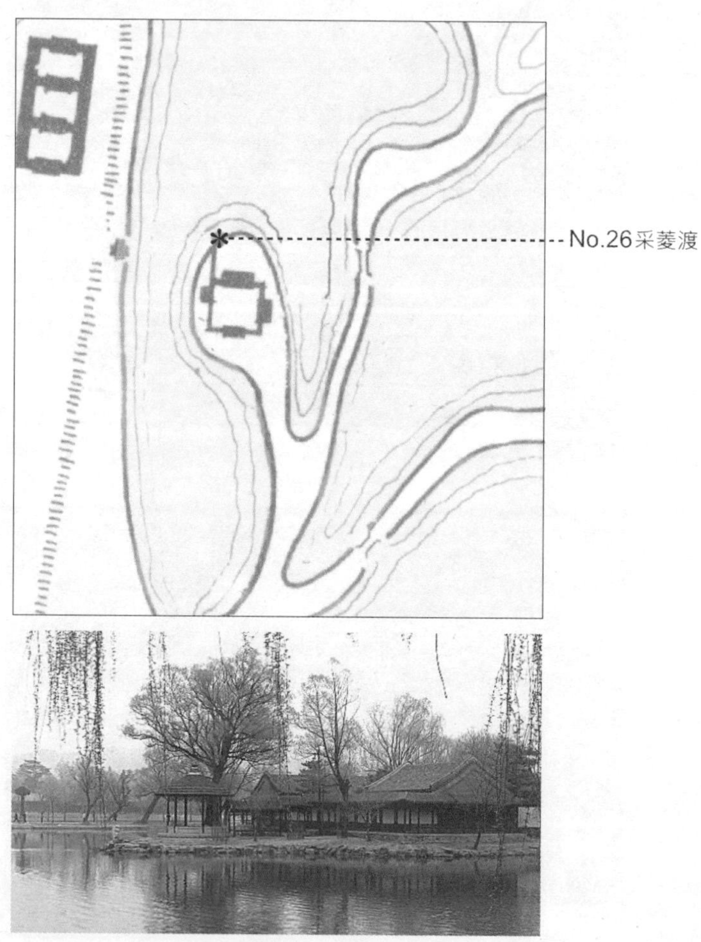

采菱渡

4.2.3 结论

本研究以承德避暑山庄中亭以及亭周边的地形与水为对象，基于调查资料，对亭以及亭与地形及水的空间构成类型进行了整理和分析，得出以下结论：

(1) 作为最重要建筑类型的亭在避暑山庄中分布广泛、造型丰富，以简单、小型、木瓦的凉亭为主的状况说明了普通型的亭在山庄内的广泛应用。

(2) 亭多集中于湖区和山区，并且湖区密度最大，而山区密度最小，这体现了湖区中自然与人工并重，而山区更加偏重自然的风格。

(3) 以游赏为主，娱乐、庆典、保护和宗教等多种用途的亭的设置体现了避暑山庄作为集园林、政治、宗教和文化于一体的综合性皇家园林的特征。

(4) 8 种亭与地形及水的空间构成类型被得出。山区中，山腰、山顶型与山谷型数量相当，湖区中临近—湖池型与贴近—湖池型数量相当。类型三（平地，山脚型）广泛分布于宫殿区、平原区和许多过渡区域。可以看出在以自然美为主的避暑山庄中，亭与多种形态的地形及水构成了丰富的空间和景观。

(5) 在避暑山庄中，亭的造型、体量以及开放性是基于亭的用途和亭与地形及水的空间构成而变化的。

致谢

本文撰写过程中，得到了导师章俊华教授（日本千叶大学园艺学研究科）的亲切指导和宝贵建议。此外，衷心感谢千叶大学三谷徹教授、藤井英二郎教授、赤坂信教授、本條毅教授在论文写作过程中给予的热忱帮助。

参考文献

[1] 孟兆祯．避暑山庄园林艺术理法赞．林业史园林史论文集 [C]．北京林学院林业史研究室编，1983.

[2] 章俊華．中国皇家庭園と私家庭園の「屋宇」による空間構成の特徴とその比較について，ランドスケープ研究 VOL.63NO.5.，2000：399—402.

[3] 章俊華，木村弘．中国私家庭園の「廊」による空間構成の類型化とその特徴について，ランドスケープ研究 VOL.61NO.5.，1998：797—800.

[4] 王世仁．王世仁建筑历史理论文集 [M]．北京：中国建筑工业出版社，2001.

[5] 周维权．中国古典园林史 [M]．北京：清华大学出版社，1999.

[6] 贾珺．山林凤阙——清代离宫御苑朝寝空间构成及其场所特性 [J]．建筑师，2003（03）：74-81.

[7] Ji，Chen.The craft of gardens. New Haven: Yale University Press，1988.

5

传承与发展

——对于日本传统园林的一些思考

张云路

日本幕张 IBM 庭园鸟瞰（张云路摄）

5.1 日本传统园林在极简主义园林中的传承与发展

5.1.1 传承与发展的话题研究

不同的社会环境、意识形态和文化背景下产生的园林蕴涵着各自的造园理念和手法。但是随着20世纪科学技术的发展，全球化的趋势已势不可挡，各民族、各地区不能孤立地存在，更不能够完全拒绝外来的思想。为了能够更加融入全球化，传承和发展成为当今各个层面需要面对的话题，包括风景园林设计。如何继承传统精髓以保留自身园林文化，又如何汲取国外经验来发展本土园林呢？成为各国造园家思考的问题。

随着日本二战后重返国际社会，日本的传统文化，包括造园文化也开始融入其他文化，本章第一节，我们就先谈谈东方的日本传统园林和现在正处于西方设计界流行风浪上的极简主义园林的融合，看看日本传统园林在与现代文化交融中如何找到一条途径传承经典，向前发展呢？

对于日本来说，从1868年明治维新开始就大胆地与欧美各国接轨，在某种程度上可以认为近代日本是主动向西方学习的。就园林设计方面来说，最初基本上是简单地吸收西方园林中的草坪、花坛和喷泉等园林形式。这样的经典案例有：东京的日比谷公园、京都无隣庵等。随着西方艺术界20世纪60年代出现极简主义，由此也带来了极简主义园林的产生。其中代表设计师有彼得·沃克、佐佐木叶二等。当他们在日本创造自己的作品时，为了获得日本人民的认同，不可避免地就会出现日本传统园林与极简主义的交融。

5.1.2 日本园林体现出来的内涵特征

日本园林是日本民族的自然观与人生观的表现。虽然日本文化长期受到中国古代文化的熏陶和影响，但是随着日本对“大和”文化的深化和提炼，对外来文化的过滤和消化，我们现在所说的日本园林已经形成了自己较为独特的特点，在世界园林中以一种单纯、凝练的形式和内涵体现。总结起来，日本园林拥有以下独有的意境和内涵：

(1) 纯——源于自然，匠心独运

日本的造园师们能够从大自然中获得灵感，巧妙地取材于自然，但又充分发挥自己的想象，将不同的自然材料创造出统一和谐的景观。就像造园者把粗犷朴实的石料、细砂，纯自然的竹、苔藓植被等运用到日本庭园内，目的是为了体现自然材料特有的纹理；将各个元素以自然界的法则和布局加以精心布置，使自然之美浓缩于庭园中的一石一木之间，让使用者置身于一种简朴、纯净的自然境界。

(2) 意——讲究写意，意味深长

中国传统园林以模拟山水空间著称，而日本园林常通过写意象征等手法表现自然，这并不是模拟，而是通过人的意志创造出构图简洁、意蕴丰富的效果，最终是抽象自然。其典型表现多见于拥有深邃意境的禅宗寺院中的枯山水庭园。没有复杂的空间布局和造型处理，它就像简单的音乐、绘画、文学一样能够透过表象抒发深邃的内心世界。通过对大自然的抽象描述和意境提取，表达出含蓄的审美情趣。这赋予日本传统园林意味深长之感。

(3) 细——追求细节，构筑完美

日本园林中的美体现在细节上，对于细节的刻画是日本园林中的点睛之笔。日本造园家们可以在小到几平方米的场地上，通过细节的处理，以极少的要素达到完美的表现效果。对每一件微小的物体，甚至小到一块石头，都显得极其关心和重视。细微的、细节的才是体现日本园林独有特色的亮点，正是细节构筑成精致的日本传统园林。

(4) 禅——谈佛论法，体现禅意

宗教在日本一直处于重要地位，影响力当然也涉及园林设计行业。日本的造园思想受到极其浓厚的宗教思想的影响，追求一种远离尘世、超凡脱俗的境界。特别是枯山水园林，它们竭力表达出的简单纯洁、无树无花的境界，和禅学里表现出来的“能于无形之虚处，得山水之真趣”[1]是同样的道理。显然日本造园师在对环境的处理中又多了更高一层的谈佛论法，体现禅意的意境。在日本传统园林中，造园师往往能够通过对自然的抽象而上升到彰显人性世态的高度，这便是日本传统园林中独特的禅意。

日本传统庭园（张云路　摄）

5.1.3 极简主义园林表现出的主要特征

20 世纪 60 年代极简主义在西方成为一种影响相当深远的设计风格与流派。它提倡使用最简约的结构，最简单的材料，最简练的造型和最简明的表面处理。极简主义思想很快传播到了园林设计领域。极简主义园林表现出来的特征有：(1) 简洁明快的表现形式：形式上主要以简单、明确的线条为主，简化了内部之间复杂的构成。极简主义作品中运用的形式语言都是不做任何复杂的修饰处理的平面构成或者几何形体的简单形态。(2) 自然的素材而非“自然状”的表达：对很多极简主义园林设计师来说，大自然的超凡魅力能够给园林设计带来灵感，这能够让他们从新的角度探索运用自然的东西来表达他们的极简主义思想。比如 20 世纪 60 年代后期兴起的“大地艺术”运动。(3) 擅长空间的塑造：极简主义园林注重空间的塑造和构建，而且极简主义设计师关注着场地中不同空间之间的沟通和对话，通过艺术手段来安排和表达空间。以极简主义独特的设计手法将空间进行整合，塑造出充满韵律感的场地。(4) 色彩的统一和规整：色彩是极简主义园林的一大表现特色。大多数极简主义作品中的色彩要求简洁和明快，在极简主义的作品中多选择均匀平整的色调，或尽可能地使用园林素材的本色，比如植物的绿色、石材的灰色、木制品的棕黄色等。极简主义园林中原始、纯净和精炼的色彩赋予了场地纯粹的色感。[2]

5.1.4 日本传统园林与极简主义园林之间存在的融合契合点探究

西方和日本虽然处在不同的文化圈，但并不影响它们之间的交流。对于日本传统园林在与极简主义园林的融合中，日本传统园林面临着功能和形式的改变，在与极简主义园林的碰撞与交融中，传统园林文脉的传承成为日本传统园林发展的基石。而这种传承与发展建立在日本传统园林与极简主义园林之间融合的契合点之上。

（1）自然形式的抽象和升华——设计哲理

造园思想是园林的灵魂所在。日本人习惯于把周围的自然作为自己园林艺术创作的材料，但是和中国古典园林不同，并不是将自然山水缩小到场地里进行表达。随着日本自我文化的提炼，日本人开始对本国特殊的自然环境进行抽象和深化，比如海岛、海岸线、火山等。这与极简主义园林的自然取材而非自然的表达有相似之处。极简主义能够通过简约表达方式在运用传统设计要素的基础上达到新要素的介入，以及用简洁的形式：条带、圆、锥体等和非关联构图的方式强调景观自身哲理的特征，迅速引起人们的关注。比如极简主义设计师丹·凯利 (Dan Kiley) 擅长用天然的植物来塑造空间，在他的作品中，绿篱是墙，林荫道是自然的廊子，整齐的树林是一座由许多柱子支撑的敞厅。极简主义园林提倡对自然的一种“艺术处理”。而日本园林的意境恰恰是需要一种抽象的方式和手段来升华和提炼。所以极简主义的表达方式和创作理念能让人联系到抽象自然而含有深邃含义的日本园林。这也为极简主义在日本与当地传统园林进行融合提供了条件。

（2）简单构图的艺术和思维——意境表达

艺术的抽象理解表明：极简主义不但满足了现代生活的功能需要，并且通过丰富和深邃的内涵满足了现代人的精神需要。通过对园林表达形式的处理和对其中蕴含意境的深化，依靠设计素材的精心布局来传递形式中抽象的哲理。而这种意境提倡通过个体的直觉感受和静思冥想来进行感悟，最终达到场地意境的自由超越。而拥有东方文化背景的日本园林正是提倡一种对意境的发自人心的“直觉感悟”。即便是园林中的一石一木也拥有丰富的意蕴。两种不同的设计类型虽然表达的载体不一致，但都是通过对设计素材的抽象，通过布局构图传递设计者想要表达的精神世界。如果置换成日本传统的园林素材，同样能够表达日本传统园林的意境。极简主义设计师和日本现代园林设计师抓住了这一相似点，将日本传统通过极简主义的简单构图表现出来。作品能够自然地融入日本传统园林的意境中而得到日本人民的认同。

极简主义庭园——伯纳特公园（www.landscape.cn）

（3）有限空间中的无限表达——空间处理

空间是极简主义园林的主要内容。空间的表达和处理是极简主义园林表达的核心。虽然极简主义有时候体现出古典园林的和谐、均衡等设计法则，但是极简主义的核心是揭示人、环境、空间三者之间的关系。就围合空间的环境要素而言，极简主义园林能够在有限的场地内通过运用土地、砂石、植物或者水等环境要素，通过简单的几何形式来塑造空间甚至改变已有的空间。彼得·沃克的经典作品——哈佛大学唐纳喷泉，充分展示了对英国远古巨石柱阵空间的纯熟研究。石柱圆形的空间布置方式则暗示着石阵与周围环境的联系。受西方极简主义设计师影响的日本现代设计师同样在有限的空间里灵活地表达出无限的空间意境。与彼得·沃克同为哈佛校友的日本现代设计师佐佐木叶二先生设计的日本埼玉新都心榉树广场，利用简单的树阵空间、有限的树阵格局，在其中却能够体会到丰富的空间感。日本园林通过对环境的提炼和浓缩，在经过周密构思和环境构图下，在尺度极小的场地内抒写出丰富而深远的空间表达。可以说极简主义在空间表达上与日本传统园林有异曲同工之妙，尽管拥有的实体不一样，但是他们都是依靠空间感知的方式提供了一种通过空间语言达到人与环境之间沟通的实践。

东京六义园（张云路　摄）

（4）传统造园素材的现代运用——素材精选

日本园林学者高原荣重说过：“细部装饰是特别能直接诉诸感官的，它像是人的眼睛、鼻子。所以，虽然是单纯的装饰设施，也不能随便的设置。”[3] 这句话应该能够回答众人关心的一个问题：为何从平面构图上看似简单的日本园林能够带来如此大的艺术感染力呢？纵观日本造园史：平安时代的池泉园、室町时代的枯山水园林、桃山时代的茶庭等日本特色园林无一不是在对造园材质进行精心打造和反复推敲，最终精选出富含大和风的素材：细砂、竹、石灯笼和石钵等。直到今天，现代日本园林继续演绎着它们的精彩。而极简主义作为极简主义园林表达的语言，设计者们对素材的选择同样做到精简极致。在今天受到极简主义影响的日本现代设计师在新的设计背景下，巧妙地将极简主义形式中的素材置换成日本庭园的传统素材，所以就算我们面对现代平面构图的日本园林中，作为构成元素的细砂、置石和石灯笼等要素也体现出内涵丰富的日本园林情调。传统造园素材的灵活运用给日本园林与极简主义园林的融合提供了另一个切入点。

IBM 庭园轴线（张云路　摄）

5.1.5 实例分析——日本千叶县幕张 IBM 庭园

作为极简主义园林的代表人物，彼得·沃克已经在世界各地创作了不少经典的极简主义园林作品。他也努力尝试着将极简主义园林带到日本，与日本传统文化进行融合。位于日本千叶县幕张新城的 IBM 公司日本总部室外环境设计是彼得·沃克将极简主义园林与日本园林结合的一次设计探索，也让我们看到了日本传统文化在现代的传承与发展。

设计师将 IBM 庭园作为日本传统造园文化与极简主义融合的场所，将在现代功能和现代材料下渗透出浓厚的日本传统文化。作为建筑的外环境，IBM 庭园紧靠大楼进行布局。日本传统园林尊崇自然造化的天然状态，彼得·沃克秉承这一理念，对园林与建筑的边界进行弱化，力求自然状态的衔接。所以为了避免让 IBM 庭园独立存在，彼得·沃克通过将庭园中的水引入建筑内的手法将建筑与园林自然地结合在一起，让室内的使用者感觉就像是日本传统合院自然衔接在建筑

方形浮岛（张云路 摄）

中心圆盘（张云路　摄）

置石（张云路　摄）

条形绿篱（张云路　摄）

中，而室外的人将建筑作为园林的一部分而不冷漠视之。一道用绿色杂质玻璃材质布置的线贯穿全园，这是常用的极简主义园林的手法，赋予整个场地规整和统一。最左端的方形浮岛是全园的序曲，彼得·沃克巧妙地将日本传统园林中象征大海与海岛的白砂与青苔山石进行抽象，用真实的水和现代几何式浮岛进行替换。和传统日本园林一样，空间虽然有限，但是透过场地中极少的设计元素能够表达出以大海岛屿为代表的日本特有地理特征的空间。而形成的这一内聚空间同样含蓄地流露出日本传统园林的简朴、写意和宁静。

园子的中部是一个造型清晰而精简的圆盘，中间是下陷的青苔铺地。看似简单的外形在方圆之间和材质选择上蕴含着日本传统中对细节的完美处理。同时结合了现代园林中对功能重视的理念，为整个场地提供了休息庭坐空间。一种深藏于造型材料间，对自然形态的抽象和意境的提升，通过极简主义的简洁构图而得到表达。

设计师彼得·沃克通过贯穿场地的中轴线将具有空间连续性的庭园引向高潮。中间的水空间作为过渡，通过倒影的引入将两个空间和谐地联系在一起。条形的绿篱作为极简主义简洁布局的象征，同样也是日本传统园林抽象和深邃的造园手法。其形式不但分割了空间，也为后面的景色做了前景和舞台，这种映衬正是日本园林中的均衡美的体现。

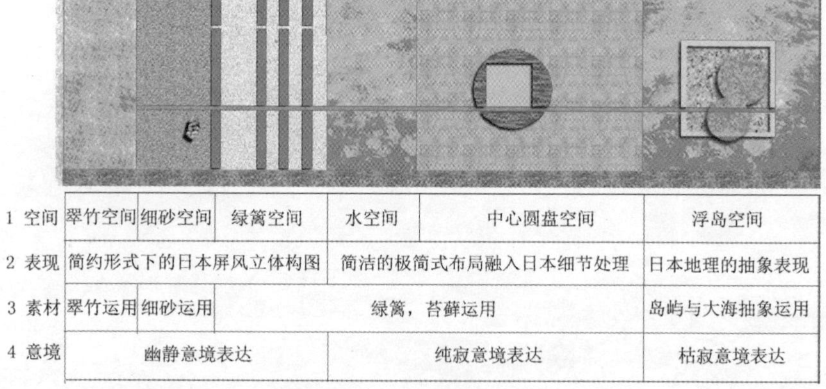

1 空间	翠竹空间	细砂空间	绿篱空间	水空间	中心圆盘空间	浮岛空间
2 表现	简约形式下的日本屏风立体构图			简洁的极简式布局融入日本细节处理		日本地理的抽象表现
3 素材	翠竹运用	细砂运用	绿篱，苔藓运用			岛屿与大海抽象运用
4 意境	幽静意境表达			纯寂意境表达		枯寂意境表达

IBM 庭园平面图（张云路　绘）

大楼前的灰色石材外立面通过后面翠竹的映衬将庭园勾画成一幅日本传统多彩屏风。置石和细砂正是枯山水的原型，流露出日本园林独有的风味，又巧妙地过渡到新的竹林空间。而具有极简主义风格的条形线条通过前面的条形绿篱转变为竹林中的石凳，形式的延续保持了设计语言的整体性。石头、水景、竹子、柳条、修剪的灌木丛、苔藓、沙砾与鹅卵石都是日本古典庭园必不可少的设计元素，它们表达出来的不仅仅是材质本身和通过原材料体现出的纯色彩，更重要的是日本园林氛围的营造。它们在其中的运用，让使用者仿佛置身传统日本园林之中。

彼得·沃克虽然是以线形、条形等明快简洁的极简主义形式来处理场地，但通过运用日本传统园林要素来塑造空间氛围，设计师是在用日本传统的文脉来处理空间，细腻地布置场地中的每一种要素。通过对色彩、材质和布局构图等的细腻处理，在极简主义的形式下还原日本传统园林的氛围。而日本传统园林在继承中得到新的发展，有了新的使用功能和服务对象。

5.1.6 结语

日本传统园林的传承与发展方式，日本造园师们一直在探索这个话题。当极简主义园林与日本传统园林交融时，日本传统园林在满足现代功能的同时，在极简主义的形式表达下和谐地融入了日本传统园林的意境，虽然表面上体现的是非日本传统园林形式，但感受到的却是地道的日本园林内涵。日本传统园林在现代社会中的传承与发展，IBM 庭园已成为一个经典的案例。

IBM 庭园（张云路　摄）

日本传统屏风（张云路　摄）

5.2 日本传统园林中的“纯”在现代设计中的运用

5.2.1 日本传统园林的现代发展

现代与传统，属于一对相互矛盾的范畴。而园林设计发展到现在，由于功能的改变、现代元素的引入、构成材料的替换以及现代艺术形式的应用，或多或少地让传统要素在人们的欣赏和思维中开始渐渐消退。而谈到日本现代园林设计，其面对现代功能和现代形态表达，却以独特的表达特征、设计风格和理念得到了世界的认同。这得益于传统文化的留存及应用，也就是传统园林在继承中得到发展。

日本园林的发展进步是在吸收外国文化精华，同时保留本土文化这样一个长期的、连续不断的历史过程下进行的。日本园林始终是日本民族自然观与人生观的表现。就算日本园林发展到现代，从中我们都能够提炼出单纯和凝练的日本传统园林内涵[1]。本节内容主要探讨日本传统园林中的“纯”的传承与发展。

5.2.2 何谓日本传统园林中的“纯”

大自然的力量是无穷的，大自然的美体现在纯朴的材质、原生的形态和天然的色彩等方面。日本造园师们善于从大自然中获得灵感并在设计中运用大自然均衡的构图和精致的布局。造园师们能够巧妙地取材于自然，并十分擅长对自然的浓缩与提炼。但是对“纯”的理解和领悟并非照搬外界的一切，并没有让它们被大自然的秩序所约束。而日本传统园林在处理人与自然的关系上采取了敬畏的方式：尽量尊重而不破坏自然，这正是现今所倡导的生态观。同时，根据不同庭园的设计理念、表达意境和设计手法，重新搭配自然万物，力图在庭园中恢复自然的纯朴、找到完整如初的感觉[3]。

“纯”赋予了日本园林真实、和谐和完整的自然美。日本造园者可以娴熟地将粗犷朴实的石料、细砂，纯自然的翠竹、苔藓植被等运用到庭园内。也就是说，日本设计师们在园林中将来自大自然的各个元素精心布置，使自然之美浓缩于庭园中的一石一木之间，目的是为了在园林中重现自然中特有的形态、纹理、材质和色彩，让使用者置身于简朴、纯净的自然境界。走在园中品味到的是纯真，感受到的是精致。每一棵树，每一丛花，每一块石都是大自然的缩影[4]。

5.2.3 日本现代园林中“纯”的表达

（1）庆应大学三田校区南馆屋顶花园

①背景

仔细品味日本现代园林景观，同样可以找到日本传统园林中“纯”的表达。该案例位于东京都港区庆应大学三田校区南馆。庆应大学成立于1858年，是日本最早的大学之一。随着周围高楼的兴建，原本场地中光与自然的和谐构图也开始消失。庆应大学南馆屋顶花园设计者的初衷是在场地中引入自然要素，通过新的设计重新建立与自然万物的关系，让师生们能够在校园里体验丰富纯净的自然，而不是在高楼林立的东京与自然隔绝。此场地作为日本“21世纪自然引入校园”的新型模式而被推广。

日本庆应大学LOGO

②设计思想

设计中将场地与自然之间的对话作为表达重点。设计者在创作过程中将“自然之纯”作为理性表达设计的手法，通过对自然的引用，重新搭配设计要素，塑造新的构成关系。设计师提出的设计构想是继承日本传统庭园的造园精神，根据现代设计手段创造出新的庭园。

庆应大学南馆屋顶庭园鸟瞰（日本造园作品选集 2010）

③形式表达

基于自然形态抽象表达的概念，引入现代的设计形式。为了体现传统园林中对纯的诠释，场地采用在花岗岩敷石上开凿形形色色的穴点，圆形点状几何式构图类似像素点的布局。在花岗岩敷石中种植自然姿态的树木和地被，力争让其以纯自然的状态在新环境下再生。穴点布局的运用来源于日本传统庭园的飞石，在传统园林中精心布置的石头与背景细砂或水面形成图与底的映衬关系。设计者将这种自然界和谐存在的图像抽象到现代设计中，通过在穴点中引入自然的元素，搭建图案与图底的对应关系，试图在场地中进行图与底关系的抽象，还原大自然原本纯净的存在规则和布局。

飞石（张云路　摄）

抽象成像素点（张云路　绘）

水空间（张云路　摄）

石坪空间（张云路　摄）

树空间（张云路　摄）

④空间布局

在这些种植穴中通过不同自然要素的布置达到自然空间密度的动态变化效果，带给人们不同自然尺度与空间的真实感受，这就是一幅自然界中构成元素之间完美组合的构图。使用者在场地中眼观自然中的元素，体验空间从开阔的种植地被的穴点过渡到密集的种植树木的穴点，绕过树丛而来到石坪或者水空间，又经过它们重新回到树丛周围，反反复复体验设计材料变化带来的不同密度空间。复杂的空间体验仿佛让人们置身于纯洁的自然中感受世间万物。这增加了场地的设计层次感，从中也能提炼出日本传统园林对自然万物娴熟运用的设计手法。

⑤材料运用

在使用材料上，日本园林大都是采用不经雕琢的天然元素，通过灵活组合而形成新的景观。在设计师的精心布置下，场地的构成要素可以灵活组合而形成新的景观。在设计师的精心布置下，场地的构成要素可以分成以下几个层面：开穴的花岗岩敷石、草、水、木和光。就像日本传统园林中设计师能够在有限的空间里面表达纯净的大自然一样，场地的每个层面各有特色，集中了大自然动态和静态之美，同时蕴含了大自然中丰富的形态，质地和色感。

设计师在场地中对水的巧妙运用也继承和发扬了日本传统园林对"纯"的理解和把握：水穴在场地中的均衡布局形式延续了整个场地的风格，而清泉从敷石缝向上涌出则将自然界水流的动态美引入到场地中，创造出活泼的水空间。

⑥细节处理

由于场地位于屋顶，安全因素必然成为设计的关注点。以往在屋顶上通常采用金属栏杆将外围圈住形成封闭的实空间。虽然这样能够提高安全系数，但是却粗暴地破坏了场地的氛围，同时也让空间变得沉闷和孤立。设计师为了避免走入这样的死胡同，采用了新的设计手法，在保证使用者安全的同时延续了日本传统空间中对"纯"的运用。设计者在场地中构筑了透明的树脂玻璃薄墙，限定了使用者安全使用范围，同时又将场地中的万物与外界联系在一起。庭园、地被、树木和水源等不再是独立地存在于有限的空间中，通过透明的薄墙内外自然地联系在一起。内外界定的模糊和减弱让使用者在场地中不会感受到场地空间的限定，反而体验到整个场地犹如大自然中真实存在的一个单元。这和日本传统园林中通过追求自然景观的引入来达到表达自然野致是一脉相承的。

透明玻璃薄墙 -1（张云路　摄）

透明玻璃薄墙 -2（张云路　摄）

（2）KOWA 建筑前绿地

KOWA 建筑绿地位于东京都港区 KOWA 大楼前，面积只有 100m^2 左右。在尺度有限的空间内进行自然的表达和抒写，对极小的空间也倾注丰富的感情，这是日本园林最为娴熟的造园技巧之一。

日本是个岛国，岛上山峦起伏，海、岛和山等自然要素成为日本园林体现大自然的纯真美的抽象素材。KOWA 建筑前绿地通过线条的梳理清晰地给人们展现出现代景观的明快和精炼。在场地中设计师简单运用了自然的绿色、灰色和白色，仅仅选用三种纯色作为设计主色调。简洁单纯的色彩运用并没有带来单调的氛围，却带来自然界纯朴无瑕的美。

以绿色草地为底，在与道路垂直的方向铺设条带形成均衡，充满节奏的几何形态。在日本传统园林中通常是通过野筋等处理方式来抽象山的表达，而在场地的一端，则用几何式条带的向上隆起带来竖向变化，从而表现海岛上的山峦起伏。而在场地中有节奏地排列它们就好像给世人展现大自然的崇山峻岭和层峦叠嶂的景象。接下来通过对条带形式的延续，将空间过渡到开阔的下一部分。场地肌理的变化仿佛让场景从自然的山峦过渡到平原和大海。最后孤植在场地中的槭树，犹如大海中的孤岛打破了场地中规整的布局，而在传统日本园林的布局中常常在均衡中也寻求变化，力图反映自然之天成。

在这块场地中，日本传统庭园的“纯”通过色彩的运用和自然形式的抽象清晰地体现了出来。场地抽象出来的日本典型的山、海、岛等自然要素含蓄地在设计中表达，显得十分得体。

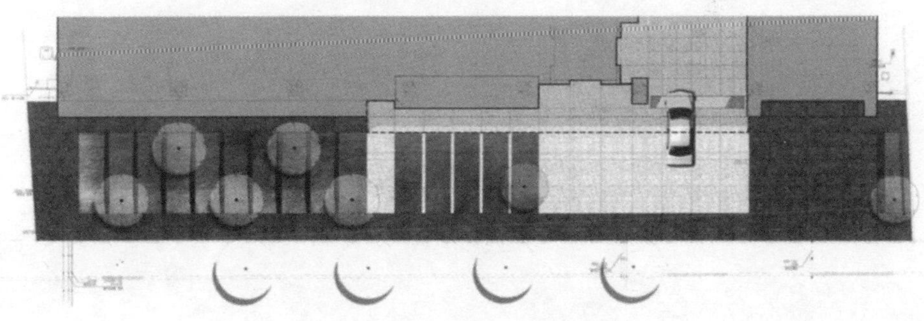

KOWA 绿地平面图（张云路　摄）

象征山峦的地形（日本造园作品选集 2010）

象征孤岛的植栽（日本造园作品选集 2010）

(3)“纯”在日本现代园林中的表达探究

在日本传统园林中，庭园空间常常将大自然浓缩于其中。而日本传统园林的继承之所以耐看和耐品，是由于日本现代园林在继承发扬中将传统庭园中的“纯”加以深化和提炼，将日本传统园林的意境在现代设计中也发挥得淋漓尽致。在对以上2个实例分析的基础上，我们能够大致提炼出日本传统园林中的“纯”在这两个日本现代园林设计中表达的方式和手法（见下表）。从中也可以看到日本传统园林在继承中发展的轨迹。

“纯”在日本现代园林设计中表达方式和手法总结

设计思想	将自然引入庭园内，注重对自然的浓缩与提炼。做到现实模仿自然，设计作品中倾诉对大自然的感情
形式	结合现代功能对传统图案和日本特有自然元素进行抽象，而不是简单地套用大自然图示，或者直接沿用西方形式主义的构图
空间	力图还原自然界中原始的空间，丰富多变，同时疏密有致。日式传统园林中细腻空间感的再现和对自然空间的感知让日本现代园林同样韵味十足
材料	大都采用来自大自然的原始材料，如草、木、石、光和水等。通过现代手段的处理和重新组合，让其在新环境下重新展现大自然原本的“纯”
细部	细部最能体现自然魅力所在。一石一木都是设计师情感倾诉的要素，对细节的精雕细琢和真实刻画成为日本现代园林传承经典，展示自然的重要手段

5.2.4 结语

“纯”作为日本园林重要的表达手段之一，从传统园林到现代园林都扮演着重要的角色。让我们一直思考的一个问题：与欧美各国密切接轨的日本现代生活大都已西洋化，为何日本人依然没有忘记继承和发扬传统？日本在现代园林设计中不但没有完全照搬西方的造园手法，还更加重视对传统日本庭园的研究与继承。对大自然的引用和抽象让世人看到了日本传统园林的真谛，日本传统园林的传承也同样能够在现代园林中找到深邃而抽象、简洁而朴实的大自然“纯”的意境。

庆应大学屋顶花园雕塑（张云路　摄）

枯山水置石（张云路 摄）

5.3 日本传统园林中的“禅”在现代设计中的运用

5.3.1 “禅”与日本

一说到日本的历史和文化人们就想到那是禅意的附身。似乎看来禅宗和日本有着必然的联系。禅宗起源于佛教，13世纪由中国传入日本，逐渐深入到日本人生活和文化的各个层面。也就是在日本，禅宗找到了自己的归属。思考其原因，对于禅的理解是用心感悟，在感知表象，理解内涵和领悟情感等诸多因素积极参与下的一种保持对外界物质世界现象的感性体验，直至适合自我价值取向的心灵过滤过程。也就是说，禅宗理念的核心是用心感悟。而对于日本传统的审美意识而言，面对狭小的生存空间产生的一种被动、低沉、纤弱和哀戚的情绪，日本人在这样的审美意识下需要找到一种心理寄托突破理性规律深思人生和万物，反过来产生了对人性的关怀和生存的希望。正是这样的体验和思维让禅宗与日本传统文化得到了完美的结合，也让日本人找到了表达自我价值观的载体。禅宗触及日本人的各个生活层面，当然也对日本的庭园设计产生了重要的影响。

5.3.2 禅宗与日本枯山水庭园

往往提到日本园林，人们都能想到那蕴含着高远澄明的枯山水。这是一种在日本常见的干枯庭园山水景观，枯山水庭园成为禅宗在日本与园林结合的最好案例。一方面对造园师来说，为了反映造园师本人对当时枯寂、悲凉世间的厌倦，需要创造出一种新的形式能够抛弃杂念，静思人生。另一方面，对于后世的观赏者来说（最初的枯山水出现在寺庙，除寺庙僧人以外当时并不对外开放）枯山水园林就像一面镜子，不但能够感受到枯山水园林的造园师设计时的内心世界，同时可以根据使用者个人的人生经历和体验来对山水的形式进行加工和想象，同样可以感悟自我人生。即便面对无花无色的枯山水，人们同样可以感受到超脱形式的内涵，在这里可以让日本人找到自我价值观抒发的场所。枯山水园林的成功塑造并在日本广泛运用，禅宗在其中扮演了重要的角色。两者的关系可以理解为：枯山水园林是禅宗表达的载体，而禅宗让枯山水的表达得到质的深化，日本人能够在这里得到心灵的抒发。枯山水内在的禅宗文化让看似普通的造园作品得到了新的表达。这种关系让我们看到禅宗在枯山水中存在的本质。因为禅宗最重要的是用心感悟，禅宗在这个过程中就是一座沟通的桥梁，不仅仅将造园师和观赏者超时空地联系在一起，也让日本人有了自我内心与现实之间的交流。这也让禅宗能够在日本园林发展的历史长河中经久不衰，得到日本人民的认同，进而成为世界园林的一朵奇葩。直到今天也能在现代园林中看到它的身影。

5.3.3 禅宗在传统园林中表达的核心

最初设计师是为了表达出对身外乱世的厌恶和对平淡人生的追求而创造出枯山水庭园，着重于创造出一个能够抒发内心感受和对外界思考的场所。但面对的场地始终是以一种客观状态存在。而禅宗的意境提倡用心去感悟，这是一种主观的状态。这原本是一组相对的状态，在日本枯山水庭园中却让客观的形式与主观的感悟和谐地存在其中，主观的感悟是使用者基于现场的客观形式而得到的，也就是身临其境，有感而发。正是场地中的客观形式所带来的枯寂、凄凉和深邃的氛围让使用者能够感悟超脱外界的束缚。如何通过对场地客观形式的布置而达到能够让人用心感悟，这成为禅宗与园林融合的关键，也是抽象的禅宗能够在现实的园林中表达的核心。这也为禅宗在面对时代发展能够继续在日本现代园林中存在并发展提供了可能。

禅宗在园林中的表达必然是通过一些造园手法而体现，与中国古典园林以自然山水为原型用处理过的人工山水作素材相反，日本传统园林直接选用大自然中最原始的质朴材料，这样就拉开了审美主体与被欣赏客体之间的时空距离。而没有过多修饰的素材就像一张白纸，人们可以根据个人的人生经历和体验来对山水的形式进行加工和想象，有了进一步创造的空间和距离。现代园林功能已发生变化，相对应的使用者也拥有不一样的人生经历和价值取向，但是通过对放弃原有质感而只保留形式的造园素材的布置，能充分调度了人类在感知方面的一切功能，即便感知的内容与古代枯山水造园师所想表达的心态大相径庭。这让禅宗依然可以成为现代人用心感悟外界事物的寄托而存在于园林作品中。

其次禅宗的表达还体现在形式与空间上面。在素材运用的基础上形成整体布局，也就是形式骨骼，而其中也创造了相应的空间。形式是人类认识事物的依据，是人类可以认识和改造的对象。而对于抽象的空间，则是人类只能感知，无法深入认识的东西。枯山水却充分地利用了人类的这个特点，利用形式本身是以易于解读方式而存在，却通过简单的布局形式和抽象的空间这种难以理解的感受来对引导身处园林中人们的感性思维，抽象的空间提供了人们以静思人生感悟世界的物质素材和精神寄托。禅宗因此而得到表达，引导着人们面对空白的场景进行深层次超脱表象而思考世界思考人生的飞跃。也让日本园林多了一层用心感悟的心灵空间，所以禅宗的表达让枯山水的艺术成就和艺术感染力也就达到了一个非常高度。简单的布局与空间赋予场所更多的想象空间，静止的和永恒的构图形式却能让人们构想出动态的和变化的场景。禅宗表达下的日本传统的枯山水可谓是经过年年月月留存的经典。在今天随着时代需求，禅宗在园林中的运用需要得到扩展，创造出新的表现价值。禅宗依然被现代日本造园师作为园林设计的指导思想而灵活运用，同样创造出用心感悟的场所，禅宗在园林中的表达方式在继承中也有了升华。

龙安寺石庭（张云路　摄）

禅宗在园林中的表达关系

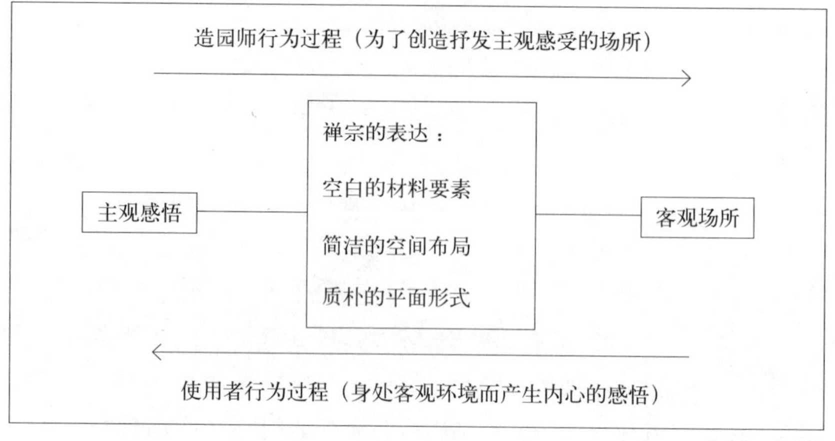

5.3.4 日本现代园林中“禅”的表达的继承与创新——以日本科学未来馆外环境设计为例

随着时代的发展和园林使用功能的改变，要求园林不能照搬古典的模式，但这并不影响禅宗的传承运用。日本造园师面对功能和审美的变化，抓住了禅宗在园林中的表达核心并将禅宗在园林中的表达进行创新，达到传统枯山水园林中对禅宗的继承。

既然禅宗与园林结合后能让这个场所赋予丰富的哲理和提供人们思考感悟的氛围，在现代日本园林设计中，设计师同样尝试着将禅宗引入到设计中，将设计场所进行心灵的抽象和升华，而不是简单地对环境进行形态的塑造。

本节以一个经典的日本园林设计作品为例分析禅宗如何在日本现代设计中进行表达运用。选择的案例是作为现代科学技术展览中心的日本科学未来馆。场馆位于东京都江东区青海，这是一处向民众展示高端的科学技术成果，让人们了解广阔的科学世界和进行人类与科学交流互动的场所。该馆于 2001 年向公众开放。

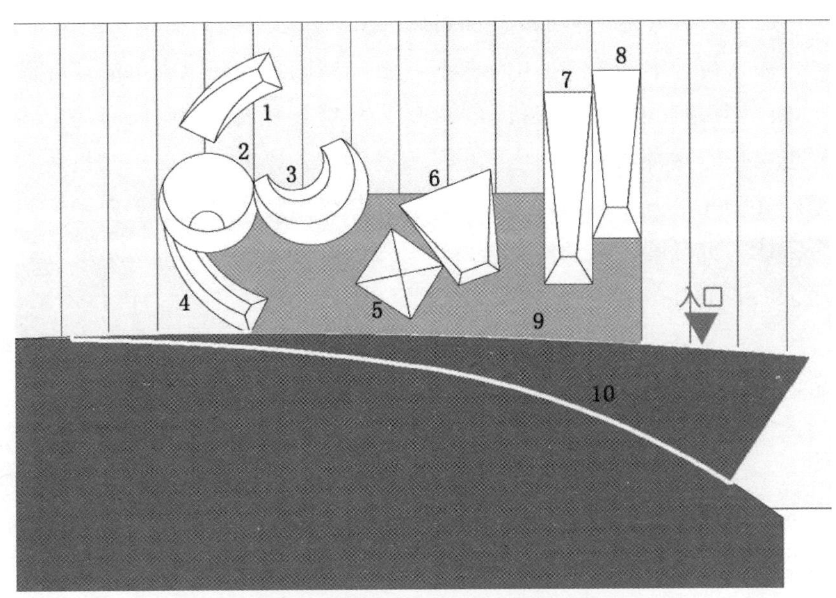

科学未来馆外环境平面图（张云路　绘）

1~8—土山构筑地形；9—水面；10—科学未来馆建筑

（1）以表象悟内涵——设计宗旨

场馆性质决定了建筑外环境的功能作用。日本科学未来馆建筑外环境作为烘托建筑功能的场地需要突出科学世界的神奇奥妙，以及表达人类对高端神秘的科技世界零距离接触的渴望与追求。正是这种背景下的场地设计宗旨让设计师联想到了代表日本传统的枯山水庭园造园思想理念——禅宗。透过设计表现达到的是一种对本性表象的超越和对理性内涵的深沉思考。场地不再只是表达景观的效果，更多的是表达设计者造园思维，这种思维理念让使用者在场地中感受到的是景色背后深藏的涵义。以表象感悟内涵成为场地设计的宗旨。这种由表及里，由浅入深的设计表达也正是通过禅宗思想在园林中的运用达到对自然界与生命的感悟。

(2) 以有形衬无形——空间布局

禅宗与日本传统的枯山水园林结合的精髓表现在以简单的客观形式体现出深刻的涵义。在科学未来馆外环境直观表达的空间布局上同样也实践着这种从表面向内涵的质变。刚进入场地时，面对的只是零零碎碎的几个方形体块，不管是形式还是材质都十分朴实和原始，甚至会让人觉得这完全是没有进行修饰处理的外部环境。但是正是看似随意的布局延续着禅宗指导下的造园手法，设计师将空间进行纯化，力图通过简单的空间布局达到对设计意境的表达。有形的空间表达是指园林设计通常在尺寸之地以有限的要素以简单的形式为基础进行空间创造和布局。未来馆场地中的空间构成元素只有水面和8组不同造型的土山构筑地形。平静的水面和不同造型，不同高度的地形勾勒出清晰的空间轮廓。没有复杂的空间构成。由于8组土山造型拥有不同的视觉阻碍点，场地中人们从不同角度和不同的停留点通过视线的变化可以感受到在山体围合的内聚空间和水面的开敞空间之间不断地变换和过渡。有形的空间让人类心中无形的心理感受和意味解读也跟着此起彼伏。所谓有形衬无形就是指场地中有限而简洁的山水构图的同时，却带来简洁却不简单的心灵震撼。这些感受与禅宗倡导的主旨和理念保持一致，空间上升到一种程度是通过有形到无形需要用心去感悟，而非单靠眼观。

身处环境中的人们面对的是裸露的实体就如同科学带给人类最初的神秘莫测的感觉。看似简约而非随意布置的山水构造空间就像一张白纸，给人们用心感知空间提供了无形的机会和场所，可以借场所中的空间氛围对人与科技发展这一抽象关系进行思考。而空间的自我探索和构想继承了枯山水禅宗提出的“以空传心”，也就是将空在各自无形的心中还原于色，达到一种超脱有形的境界。只是枯山水园林中对当时那个乱世中寻求安定的寄托上升到对现代科学与人类交流互动的思考。

(3) 以不变应万变——意境营造

禅宗与园林的结合的最终目的是为了营造能够用心感悟超越场地本身的场所，也就是一种环境氛围的营造。传统的枯山水能够通过环境而带来特殊意境的场所。现代的科学未来馆外环境继承了枯山水意境的创造达到禅宗的表达进而达到园林本身的深化。人们对科学的感触是由最初的对科学的恐惧与神秘，随后的对科学技术的理解接受，到现在完全掌握科学技术并广泛运用它们为人类造福而离不开科学技术的这样一个质变过程。从另一种角度看，这也反映出一种超脱本质的概念：人类在发展过程中面对科学技术的奥妙，显示出从最先的无奈发展到完全依赖。

如何将这种抽象的关系通过园林设计而达到表达，成为设计师思考的重点。就像枯山水园林当初是用枯寂的氛围来回应外界的兵荒马乱，禅宗思想将这种乱世用祥和的方式表现出来。以不变应万变，这也成为科学未来馆外环境的意境塑造源泉。禅宗强调对规律的深思，也就是在复杂多变的万物规律下用近乎平静的心态来面对。深入科学未来馆外的场地中的忙忙碌碌的游人能够静止下来思考而不是匆匆而过，场地中直白的山体造型营造出一种空白的凄凉和宁静，但是空白之中能让人们回溯到最初与科学技术互动而产生微妙关系的状态。逆向思维正是禅宗在动静之间，永恒与变幻下在场所中表达出来的。科学未来馆前的山水布局即便如此简单，设计体现出来的却是能够在使用者心中带来动态变化，山体的立体棱角线条与水体的柔和表面的对比和 8 组地形在凸起而又有凹陷的对比让人们看到设计师通过设计表达出科学技术的神奇奥秘，以及人们对科学神秘世界的渴望追求与探索的勇气。将人类与科学之间从生硬的接触过渡到现在游刃有余的掌控这个过程巧妙地通过场地塑造出来。不变应万变的禅宗思想通过平静的山水抽象布局而表达出来，达到现代园林意境的升华。

场地地形（张云路　摄）

(4) 以空白换顿悟——素材选用

如像枯山水的山石和砂石一样，禅宗与园林的结合往往不需要太多的素材修饰，而选择素材仅仅保留表面的形式，而放弃了质感的表现，

这样就拉开了设计与人也就是表现体与使用者或者审美者之间的距离。而朴实的素材留出更多空间供使用者和审美者就能够根据个人的经历和自我价值观对形式进行自由思考，用空白换顿悟这就是禅宗能够赋予场地感悟的自由和空间的基本条件。

现代科学馆环境设计师们继承了枯山水的造园手法，在科学未来馆场地中以日本最基本的地理特征：山和海为创作原型。而场地中没有过多的植物，山形的处理采用普通的山石堆砌方法而上面生长着一层自然的草，素材的运用仅仅如此而已。面对这近乎没有经过处理的设计要素，游人能够面对它们顿悟其中的哲理，这对于忙碌的现代人来说能够有这样一个让自己静下心的场所真是难能可贵。空白简约的处理并没有削弱场地的艺术趣味，却留有余地从感受和思想推进了艺术的力度和深度。正是无树无花只取其形的有限山势结构留给人们感悟科学技术的无限空间。而单单透过山水形式的引用，即便没有丰富材质的赋予也能表达出人类对科学高峰的攀登从来没有停止过。科学未来馆外环境素材的选用正是继承了传统枯山水禅宗通过空白材质的运用得到表达的方法，让现代的场所能够蕴含深邃的含义，让现代人能够通过园林而达到所思所想的升华。

5.3.5 结语

受深厚东方文化熏陶的日本园林，从传统时代走来我们可以看到它能够娴熟地应用精神力量来把握场地设计。禅宗作为佛教的一个分支，所提倡的思想和境界和日本人惯于深思顿悟和用心感受的生活哲理不谋而合。日本现代设计中设计师们力图通过加入禅宗的思想，让繁杂的现代生活中的人们在园林设计作品中能够找到对生命万物和大千世界的静思和感悟。通过禅宗在园林中的表达，即便面对的是新的园林功能和运用了新的设计材料，同样也能拥有那超凡脱俗的深邃内涵。

水面与地形（张云路　摄）

场地地形（张云路　摄）

5.4 日本传统园林中的“意”在现代设计中的运用

5.4.1 意境

谈到日本传统园林的继承，很大程度上是通过传统园林氛围的营造而将古今结合，也就是世人所说的“意境”。意境的直观理解是：人工作品或者自然景象借助其形象所表达出来的境界。详细解释，可以理解为欣赏方（主体）与被欣赏方（客体）之间由于客体的艺术表达带给主体的主观意识联想，通过客体的表象，达到感化主体的器官、打动主体的心灵而产生思想情感的结果。两者的有机联系造就了意境的内容。与中国人一样受儒家影响的日本人，所处的环境客体与中国不一样，因此主客体之间产生的意境当然也有所不同。首先看看日本环境（被欣赏客体），日本岛国的独特自然条件：多山而平原少，多依靠海洋的生存环境。日本列岛经常处在一种缥缈朦胧的雾霭景象之中，造成变幻莫测的感觉。而适合日本海洋气候的樱花被日本人奉为生命的象征，樱花的花期很短，只有短短7天，易开易落。当满树灿烂时也是它随风飘落时，曾经的辉煌片刻间化为乌有。再看看作为欣赏主体的日本人，在历史上，日本多战乱纷争，流离之中的日本人看透了世间乱世，在内心渴望和平稳定生活，所以就迷恋能够带来精神解脱的宗教。而在生活中因多火山地震等灾害，这就产生了对自然的顶礼膜拜。这样拥有独特日本特色的主客体就勾勒出日本人眼中的意境：萧瑟孤寂的自然情调能够提供静思人生、参禅悟道的氛围。也就是物之衰，景之静的意境体现。

5.4.2 日本传统园林中意境的表达

（1）意境与日本传统园林的关系

日本人眼中的意境通过日本人日常的生活表达出来，比如诗歌、茶道与花道等生活场景。在对生活空间的处理和营造上也流露出日本人眼中的意境。日本著名的造园家上原敬二先生在《造园大辞典》一

缘侧空间（张云路　摄）

书中写道：日本人的意境在日本庭园中独一无二地展现出来[1]。当日本人通过造园来表达出对生命万物、世间百态的思考时，伴随而来的是日本传统园林中意境表达的日趋成熟和凝练。意境是主客体之间表达与感悟过程中的抽象产物，虽然是非真实存在的实体，但在日本传统园林中，意境表达通过设计者对作为中介的造园手法、材料等的运用而让欣赏主体得到心灵的感悟和感情的流露，也就是通过客观存在的园林要素让意境在日本传统园林中由被动欣赏升华到主动表达。这同时也让日本传统园林能够超脱表象，由内向外诠释着造园者心中对大千世界和自我人生价值的理解。

（2）日本传统园林中意境表达的拾取点

意境本来就是一种物质环境的形而上，至于它是如何在实际中表达出来，在对日本传统园林的剖析中，可以大致总结出以下 5 个具有代表性的意境表达的拾取点：①空间：空间作为设计语言提供意境表达的场所，比如在日本传统建筑中连接室内和室外空间的缘侧空间是坐观庭园、品茶赏花、深思人生的场所，由空间氛围带来意境的表达。②要素基调：日本传统园林中对造园要素的选择同样映射出日本人的情感。对转瞬即逝的樱花的大量运用突出了日本人对短暂而精彩的情景情有独钟，通过对只保留形式而弃掉质感的石头、沙砾的运用，枯寂之意境表达得淋漓尽致。其他类似日本庭园中常用的翠竹、石灯笼等要素勾勒出一幅注入清幽意境的日本画。③尺度模拟：在设计尺度上，通常围绕着日本庭园布置回廊，尺度和比例所烘托的氛围传递着日本庭园的坐观内庭而思索人生的意境，巧妙地把握着主客体之间的互动。④色、质抽象：环境素材的色彩和质感同样也能表达出日本传统的意境，类似日本建筑的青瓦、木质板、砂石和铺地的细纹等，通过它们的精雕细琢而烘托出传统氛围，可以将场景氛围拉回到古典的状态。⑤自然引入：大自然的力量在日本人眼中成为意境产生的源泉，自然状态的引入将日本庭园的意境更直接地表达出来。日本自然环境紧凑的布局，丰富的植被，云霞薄雾的自然状态和日本特有地形（山、海、岛等）都成为意境塑造的源泉[2]。

石灯笼（张云路　摄）

5.4.3　日本传统园林中意境表达的现代应用

园林的意境表达似乎总是让人联系到古典的传统。日本传统园林也在继承经典中进行新的探索。现代日本园林设计师面对功能改变和材质置换，同样能够创造出蕴含日本传统庭园氛围的作品，让现代人身处其中也能感受到日本的经典与传统[3]。

在本节中根据设计作品的不同功能用途选择一些具有代表性的日本现代园林（右表），以剖析意境表达方式为目的，论述在新功能、新环境和新材料的背景下如何将传统日本园林中的意境表达运用到现代设计中。

现代日本园林作品通过对意境表达拾取点的灵活运用让传统园林的意境能够得到传承。面对现代功能的转变和使用者的改变，传统园林的意境表达拾取点需要找到应对现代功能转变的支点，以它们为基础进行运用。而面对广泛使用的新造园要素等，传统意境的营造也需要用新的艺术审美理念应对。

所选择的日本现代园林

作品名	功能用途	所在地
TOKYO TWIN PARKS	街心绿地	东京都港区
根津美术馆	公共建筑内绿地	东京都港区
东京 OAZA 屋顶花园	建筑屋顶绿地	东京都千代田区
东京国际展览中心绿地	公共建筑外绿地	东京都江东区
和田仓喷水公园	城市公园	东京都千代田区
东京国际交流会馆	社区广场	东京都江东区

（1）空间暗示

空间犹如一个磁场，能够在无形中获得使用者共鸣而表达出其中的内涵。而在现代社会中，人们的压力随着生活节奏的加快而增加，面对这一趋势，人们起居活动的场所空间变得复杂而多变。我们选择的案例——东京国际交流会馆拥有上百户住家，每日忙碌的居民需要的是一个暂时休息和调整的环境。设计师联系到日本传统园林中以坐观景、心神则安这一意境。以传统园林的缘侧空间为原型，在场地四周布置长条形木制平台，尺度刚好适合人闲坐，在提供休息空间的同时将场景拉回到日本传统园林中饮茶观庭的意境中，让忙碌的现代人能够找到一处安静思考的场所。而在面积稍小的东京 OAZA 屋顶花园和根津美术馆入口长廊中，设计师直接将传统园林的庭园空间作为场地的主要空间和交通空间进行意境导入，让整个空间拥有浓厚的日本传统庭园氛围。日本传统建筑空间的通透流畅在现代设计中也得到运用，在 TOKYO TWIN PARKS 中通过建筑顶层的镂空处理，让内外空间相通，这样通透的空间让人仿佛置身于传统日式建筑中感受无封闭的流动空间，对传统意境的运用也显得别具一格。和田仓公园中的传统流水空间被现代设计师抽象成城市中的动水空间，这一表达方式非常含蓄。空间的暗示成为一种传统意境表达的手法，现代设计中，采取空间表达抽象和功能置换来应对现代空间功能的改变，在满足现代功能的同时也保留着空间原始的意境氛围。

缘侧空间转换为休息空间（东京国际交流会馆）（张云路　摄）

缘侧空间转换为交通过渡空间（根津美术馆）（张云路　摄）

通透空间抽象（TOKYO TWIN PARK）（张云路　摄）

缘侧空间转换为活动空间（东京 OAZA 屋顶花园）（张云路　摄）

(2) 要素原型

日本传统园林中最具有吸引力的特征就是精炼出来的造园要素，对它们的应用同样可以达到传统意境的现代表达。在现代日本庭园中对于传统造园要素的处理方式，一种是直接将它们作为点景物，运用在现代庭园中，例如根津美术馆入口处的石灯笼造型；另外一种方式就是在新的艺术理念下用新的材质将传统元素的造型进行抽象，作为一种现代艺术品置于场地中，如东京 OAZA 屋顶花园上抽象的石灯笼，由现代简单的几何形石块堆叠而成，日本传统意境表达显得巧妙、低调而不失传统静谧和深沉的韵味。类似的还有在 TOKYO TWIN PARKS 中，将传统日本庭园的石头进行光滑处理并结合现代水景作为入口提示。抽象要素还可以通过扩大原型尺度而融入现代艺术平面设计，作为场地构图达到意境的表达。东京国际展览中心绿地将传统日本庭园中的要素重新演绎，对于类似枯山水中的置石，设计师只取其形式而去其质感，将它们放大作为整个空间的主体要素而延续着场地线型结构的平面形式。

(3) 色，质抽象

传统园林要素的色彩和质感作为现代设计表达的语言，可谓是场地特征和文化内涵的载体。为了让现代日本园林重拾传统庭园意境的氛围，设计师提炼出日本传统园林中具有代表性的色彩（枯寂的沙砾白，清幽的翠竹绿，日本古典木建筑古色古香的颜色）和特殊要素材质等。通过它们在现代园林中的运用,传出传统意境的音符。在根津美术馆入口空间中，设计师通过对侧壁进行竹条纹理的布局处理，把它们作为分隔空间、引导空间的要素。满足了现代的功能，也带来统一的视觉感受，将日本传统的清幽舒适、凝练素雅意境表达得淋漓尽致。

石灯笼的抽象艺术运用（东京 OAZA 屋顶花园）（张云路　摄）

枯山水形式的立体抽象布局（东京国际展览中心）（张云路　摄）

竹条纹理抽象的墙面（根津美术馆）（张云路　摄）

（4）自然原风景引用

大自然作为日本传统园林意境构建的源泉，引用极为广泛且容易引起共鸣。日本因岛国环境常年雾气缭绕，景物变得晶莹透明。现代设计师捕捉到这一特点并抽象运用到设计中。在和田仓喷水公园设计中，广泛使用玻璃，分割空间的同时营造了一种以透明感为特征的氛围，使整个空间处在一种模糊而又通透的意境中。而在东京国际交流会馆广场中设计师别具一格地将海岛这一元素进行抽象表达，在柔和现代线条的勾勒下，在规则条形场地中孤单绿岛的出现打破了规整的布局。东京国际展览中心则通过对大海和陆地自然空间关系的引用，在对现代活动空间的处理中将建筑空间和水空间进行交融，巧妙地进行空间过渡。

（5）尺度模拟

在传统园林意境的现代表达的实践中，传统尺度的引入同样可以在现代设计中传递意境。模拟尺度的目的在于在满足现代功能的前提下对传统庭园尺度进行虚拟构成和模拟，在传统尺度的烘托下，让使用者视觉欣赏和心理感受回到传统园林中的原点。在和田仓喷水公园中能够找到传统日本庭园中的桥与洲的尺度关系，而在新的设计中它们被抽象成因平面构成而形成的广场和通道。即使材质和功能都已变化，但深入空间中却能够感受到传统日本庭园中桥洲相连的尺度环境。

抽象岛屿的绿色现代铺装（东京国际交流会馆）（张云路　摄）

透明风景感的现代运用（和田仓喷水公园）（张云路　摄）

5.4.4 结语

意境可谓是欣赏主体和被欣赏客体之间沟通对话的媒介。对于日本传统园林来说，最能打动人心的不只是园林本身所带来的物质表象，还包括它们能够唤起人们对世间万物甚至人生价值的深思。然而时代的发展带来了园林设计的改变，现代日本设计师们在面对设计新功能和新要素时，并没有抛弃对传统园林意境表达的继承。但继承如果是简单的形式复制或手法套用，也只能弄巧成拙，形似而非神似。

面对现代设计中欣赏主体和被欣赏客体都发生变化的现实情况，日本现代设计师通过对传统空间的模拟，传统要素形式的抽象运用，传统日本场地尺度的套用，传统氛围中色彩和质感的抽象和对日本人眼中原风景的引用等传统方式的现代运用，力图将日本传统意境进行位移，让现代欣赏主体面对新的欣赏客体，能够重新找到传统日本园林中静思人生，参禅悟道的意境，品味到日本传统真正的味道。

参考文献

[1] 彼得•沃克著，王晓俊译．极简主义庭园——现代园林 [M]．南京：东南大学出版社，2003：43.

[2] 小形研三，高原荣重著． 王思庆等译．造园意匠论 [M]．中国台北：田园城市文化事业有限公司，1984：35.

[3] Michel Desvigne 等．慶應義塾大学南館のランドスケープ．[J]．Landscape Design 2005：34-35.

[4] 刘庭风．日本园林教程 [M]．天津大学出版社．2005：95-98.

[5] 廖为明，楼浙辉．日本园林的特点及启示 [J]．江西林业科技，2004（4）：25.

[6] 日本造园作品选集 2010．日本造园学会，2010：77.

[7] 王发堂，杨昌鸣．禅宗与庭园 [J]．哈尔滨工业大学学报（社会科学版），2007（2）.

[8] 日本科学未来館（日建設計——ひと•環境•建築）[J]．新建築社，2006（3）.

[9] ガラス建築の名作（6）．日本科学未来館 [J]．東京理科大学，2002（8）.

[10] 吴言生．禅宗思想渊源 [M]．北京：中华书局，2001.

[11] 章俊华．内心的庭园：日本传统园林艺术 [M]．昆明：云南大学出版社，1999：12-14.

[12] 沈悦．再读传统 [J]．风景园林，2005(1)：41-44.

日本庭园桥与洲的尺度模拟
（和田仓喷水公园）（张云路　摄）

后记

作为系列书籍的最终本，迎来了她的第5个初夏。1800多个日日夜夜，既漫长又暂短，既艰辛又愉悦。她承载着每位参编者的寄托与心愿。

这里首先感谢每位读者一直以来的关爱，感谢中国建筑工业出版社杜洁、白玉美编辑的鼎力支持，感谢图书发行中给予大力关照的北林苑景观及建筑规划设计院何昉院长，感谢直接参与编写工作的张安、高若飞、高杰、张清海、张云路、耿欣、韦宇欣、游林敏、李煜、鸣井英俊、永谷すみれ。最后还要对研究室的全体学生及R–land北京源树景观规划设计事务所的白祖华、胡海波、张鹏及参与相关工作的全体人员的辛勤工作表示衷心的感谢。

本系列书是从理论到实践再到理论的形式完成的，一定有许多不足之处，敬请批评指正。也许随着年龄的增加，对一些社会现象会自然不自然地多看几眼，多想几时，也就会多发几言，并发现日常生活中的点点滴滴造就了过去、现在和未来。渐渐地开始学会记录那每时每刻的片段、场景，最终希望与大家共享这一“过程”，并诞生了出版她的奇想，也许一年之后就又能与大家再见面，那时她的名字就叫《千叶悟语》吧！

章俊华

2011年初夏于松户

Landscape 思潮

环境文化学研究会
章俊华　　　著

国 32 开，236 页，定价 23.00 元，出版时间 2008.5

所谓“思潮”就是一个时期的一种世界观，从专业上讲就是当今国际较关注的焦点。出版形式为基础理论篇 + 实践篇。这些“思潮”实际上是对现有设计、概念、理念的充实，在通常的设计过程中赋予更多的思考层次、更丰富的功能体系、更深厚的文化内涵、更完美的自然融合，更精彩的活动体验。

《Landscape 思潮》旨在阐述规划设计行业中最为注目的 5 个理念，或称之为思潮的概念及产生的过程、意义、特征、类型、魅力、效果，可能性及在规划设计中的实践。

1. 园艺 · 森林疗法
2. 五感
3. 生物生境
4. 里山
5. 区域经营型绿色观光产业

Landscape 思考

环境文化学研究会
章俊华　　　著

国 32 开，280 页，定价 28.00 元，出版时间 2009.2

“与自然共生”一直被誉为我们每位设计师的准则。近年来，随着中国经济的迅猛发展,城市建设方面也发生了翻天覆地的变化。由此也带来了城市的无序扩张、生态系统的破坏、动植物的绝迹……诸多问题。温家宝总理在关于“十一五”计划的报告中明确提出创建和谐社会的发展方针，为此行业中也开始提倡和谐社会、和谐环境的发展原则。在这种情况下，如何重新审视园林、景观设计的真谛，成为行业中最引人注目的话题。

《Landscape 思考》一书将从 6 方面阐述了作为神圣职业的设计师的换位思考。

1. 是创造成环境，还是培育环境
2. “农”的启示
3. 大自然的警告
4. 都市文化——识、守、育
5. 日本美的探求
6. 有趣的发现

Landscape 感性

环境文化学研究会
章俊华　　　著

国 32 开，279 页，定价 32.00 元，出版时间 2010.1

进入 21 世纪，场地的艺术化渐渐被人们所关注。从单纯的景观空间的创造，转化为赋予设计更多层次的含意，并承担着解决某些社会问题的职责。始于 2008 年秋季的全球金融风暴，使得全球性的能源危机与环境破坏成为世界面临的两大焦点。奥巴马在其就职演说中也提到：今后人类追求的是一个新的“责任时代”。实际上，从几年前开始国际社会中已经注重强调“企业的社会责任”。并将成为今后人们探讨的热门话题。

《Landscape 感性》一书将从以下 5 个方面阐述不仅仅再现那些“看得见”的事物，而是让那些事物通过作品能够被人们“看得见”。

1. 社会、经济 & 艺术、Landscape 百年录
2. 设计师的职责
3. 感觉 · 感想 · 感悟
4. 和之心，和之技——现代和式设计与传统创生
5. 共生——景观与建筑

Landscape 感悟

环境文化学研究会
章俊华　　　著

国 32 开，286 页，定价 35.00 元，出版时间 2011.1

古代四大文明的发祥地已不是昔日的森林，难道文明前的森林绿洲，文明后变成了沙漠的现实，意味着文明的进步等同于自然的破坏吗？还能只强调设计师在作品中的所谓自我表现吗？还能将基于人道主义的“以人为本”曲解成自私的个人主义设计原则吗……？

为此，本书将从以下 5 个方面，阐述著者各自的专业观点及自身的思想感悟。

1. 由排污权交易制度而想——为了实现低碳社会
2. 责任时代
3. 雕塑 ⟶ 景观
4. 信息媒体与景观
5. 设计中的速度，速度中的设计